Carl Neumann

Theorie der Bessel'schen Funktionen

Ein Analogon zur Theorie der Kugelfunktionen

Carl Neumann

Theorie der Bessel'schen Funktionen
Ein Analogon zur Theorie der Kugelfunktionen

ISBN/EAN: 9783741171857

Hergestellt in Europa, USA, Kanada, Australien, Japan

Cover: Foto ©Thomas Meinert / pixelio.de

Manufactured and distributed by brebook publishing software
(www.brebook.com)

Carl Neumann

Theorie der Bessel'schen Funktionen

THEORIE

DER

BESSEL'SCHEN FUNCTIONEN.

EIN ANALOGON

ZUR THEORIE DER KUGELFUNCTIONEN

VON

CARL NEUMANN,

PROFESSOR AN DER UNIVERSITÄT TÜBINGEN

LEIPZIG,

DRUCK UND VERLAG VON B. G. TEUBNER

1867.

VORWORT.

Die Bemerkung, dass dieselbe elegante Methode, durch welche Cauchy zur Begründung der Taylor-Maclaurin'schen Entwicklungen gelangt war, auch benutzt werden könne zur Begründung der Legendre-Laplace'schen Entwicklungen, musste fast nothwendig den Eindruck hervorrufen, als seien die genannten Entwicklungen nur einzelne Bruchstücke eines noch unbekannten grösseren Ganzen. Fast nothwendig also musste der Gedanke sich erheben, ob jene Cauchy'sche Methode nicht vielleicht hinleiten könne zur Entdeckung neuer Entwicklungen, welche, statt nach Potenzen oder Kugelfunctionen, nach irgend welchen anderen Functionen fortschreiten.

Bei einem Versuche dieser Art durften wohl solche Functionen die meiste Aussicht auf günstigen Erfolg darbieten, welche zu den Kugelfunctionen in irgend einem Grade der Verwandtschaft stehen. Verwandt mit den Kugelfunctionen sind aber, wie meine Untersuchungen über Wärme und Elektricität (Borchardt's Journal. Band 62, Seite 42) zufälliger Weise gezeigt haben, die Bessel'schen Functionen J^n.

So lag es denn nahe zu untersuchen, ob man nicht mit Hülfe jener Cauchy'schen Methode zur Begründung von Entwicklungen gelangen könne, welche fortschreiten nach diesen Bessel'schen Functionen. Die vorliegende Schrift wird zeigen, dass derartige Entwicklungen in der That existiren, und die allgemeinen Gesetze derselben feststellen. Sie wird zeigen, dass diese neuen Entwicklungen in gewisser Hinsicht sogar einfacher sind als die Legendre'schen Entwicklungen, ebenso einfach wie die Taylor'schen. Sie wird nämlich zeigen, dass die neuen Entwicklungen, ähnlich wie die Taylor'schen, hinsichtlich ihrer Convergenz und Gültigkeit gebunden sind an Gebiete von circularer Begrenzung, während die Legendreschen Gebiete von elliptischer Begrenzung besitzen.

Uebersicht und Verständniss meiner Untersuchungen werden erleichtert werden durch einige vorläufige Bemerkungen über den Gang derselben.

Um die Cauchy'sche Methode verwenden zu können, entwickle ich *im ersten Abschnitt* den Ausdruck $(y-x)^{-1}$, auf übrigens sehr hypothetischem Wege, in eine nach den $J^n(x)$ fortschreitende Reihe, und bezeichne die von y abhängenden Coefficienten dieser Entwicklung mit $\epsilon_n O^n(y)$, wo ϵ_n eine Zahl repräsentirt, welche für $n=0$ den Werth 1, für $n>0$ den Werth 2 hat. Nachdem die so erhaltenen Functionen $O^n(y)$, ebenso wie die $J^n(x)$ selber, einer näheren Betrachtung unterworfen sind, folgt sodann *im zweiten Abschnitt* eine Untersuchung von entgegengesetzter Richtung und von völlig strengem Charakter. Diese Untersuchung nimmt ihren Ausgang von der vorhin gefundenen Reihe, deren allgemeines Glied gleich $\epsilon_n J^n(x) O^n(y)$ ist; sie zeigt, dass diese Reihe convergent sein muss, sobald $mod\ x < mod\ y$, und dass sie ferner im Falle der Convergenz gleichwerthig sein muss mit dem Ausdruck $(y-x)^{-1}$. Diese Ergebnisse bilden den eigentlichen Kern der Theorie.

Mit grosser Leichtigkeit führt nun die Cauchy'sche Methode zu dem Resultat, dass eine gegebene Function, welche hinsichtlich ihrer Eindeutigkeit und Stetigkeit gewissen Bedingungen entspricht, immer entwickelbar ist in eine nach den J^n fortschreitende Reihe, oder auch in eine nach den J^n und O^n fortlaufende Doppelreihe. Aus diesen Angaben wird bereits ersichtlich sein, dass die neu eingeführten Functionen O^n zu den Bessel'schen Functionen J^n in analoger Beziehung stehen, wie die Kugelfunctionen zweiter Art zu denen erster Art, d. i. wie die Q^n zu den P^n. Demgemäss scheint es mir erlaubt und zweckmässig, die J^n als **Bessel'sche Functionen erster Art**, die O^n als **Bessel'sche Functionen zweiter Art** zu bezeichnen.

Die Kugelfunctionen P^n und Q^n sind bekanntlich zu einander complementär in Bezug auf eine gewisse Differential-Gleichung zweiter Ordnung, nämlich die beiden particulären Lösungen dieser Gleichung. Anders verhält es sich mit den Functionen J^n und O^n; denn die Bessel'sche Differential-Gleichung, welcher die J^n Genüge leisten, wird durch die O^n **keineswegs** erfüllt. Allerdings würde man durch einfache Operationen eine **andere** Differential-Gleichung zweiter Ordnung, in Bezug auf welche J^n und O^n jenen complementären Charakter besitzen, mit Leichtigkeit aufzustellen im Stande sein; wahrscheinlich aber würde diese Gleichung von complicirter Natur werden.

In Bezug auf die Bessel'sche Differential-Gleichung ist die Function J^n also **nicht** complementär zu O^n, sondern complementär zu einer gewissen anderen Function Y^n, deren Untersuchung den Gegenstand des *dritten Abschnittes* ausmacht. Im *vierten Abschnitt* endlich werden gewisse partielle Differential-Gleichungen behandelt, bei deren Integration die Functionen J^n und Y^n eine ähnliche Rolle spielen, wie die Kugelfunctionen P^n und Q^n bei der Integration der bekannten Differential-Gleichung des Potentiales.

Alles, was im Gebiet der Bessel'schen Functionen im Laufe der Zeit zu Tage getreten ist, zu einem einheitlichen Ganzen zu verbinden, dürfte eine schwierige Aufgabe sein. Die vorliegende Schrift hat keine solche universelle Tendenz; sie berührt nur diejenigen Punkte jenes Gebietes, welche nicht zu fern abliegen von ihrer eigenen individuellen Richtung.

Tübingen, den 7. April 1867.

C. Neumann.

Literatur der Bessel'schen Functionen.

Fourier. Théorie analytique de la chaleur. Seite 369. (1822.)

Poisson. Sur la distribution de la chaleur dans les corps solides. Journal de l'école polyt. Cahier 19. Seite 349. (1823.)

Bessel. Untersuchung des Theils der planetarischen Störungen, welcher aus der Bewegung der Sonne entsteht. Abh. der Berl. Akad. der Wiss. (aus dem Jahr 1824).

Jacobi. Formula transformationis integralium definitorum. Crelle's Journal. Bd. 15. Seite 13. (1836.)

Hansen. Ermittelung der absoluten Störungen in Ellipsen von beliebiger Excentricität und Neigung. 1. Theil. Schriften der Sternwarte Seeberg. (Gotha 1843.)

Anger. Untersuchungen über die Function J_h^k, mit Anwendungen auf das Kepler'sche Problem. (Danzig 1855.)

Schlömilch. Ueber die Bessel'sche Function. Zeitschrift für Mathematik und Physik. II. Jahrgang. Seite 137. (1857.)*)

Lipschitz. Ueber die Bessel'sche Transcendente J. Borchardt's Journal. Band 56. Seite 189. (1859.)

C. Neumann. Ueber die Theorie der Wärme und Elektricität. Borchardt's Journal. Band 62. Seite 42. (1863.)

Es dürfte angemessen sein, aus der vorstehenden Literatur namentlich zwei Sätze hervorzuheben, weil sie verwandt sind mit dem Gegenstande der vorliegenden Untersuchungen. Es sind folgende:

Fourier'scher Satz. Die Function

$$J^0(x) = 1 - \frac{x^2}{2\cdot 2} + \frac{x^4}{2\cdot 2\cdot 4\cdot 4} - \frac{x^6}{2\cdot 2\cdot 4\cdot 4\cdot 6\cdot 6} + \cdots\cdots$$

verschwindet für unendlich viele reelle Werthe von x. Bezeichnet man diese ihrer Grösse nach geordnet mit θ, so kann jede innerhalb des Intervalles $0\ldots\ldots 1$ willkürlich gegebene Function $f(x)$ in eine nach den $J^0(\theta x)$ fortschreitende Reihe entwickelt werden.

Schlömilch'scher Satz. Bezeichnet man die Hälften der ganzen Zahlen $0, 1, 2, 3, 4, \ldots\ldots$ mit n, so kann jede innerhalb des Intervalles $0\ldots\ldots\pi$ willkürlich gegebene Function $f(x)$ in eine nach den $J^0(nx)$ [oder auch nach den $J^1(nx)$] fortschreitende Reihe entwickelt werden.

---

*) Leider ist mir dieser Aufsatz erst bekannt geworden nach Beendigung des Druckes. Ich ersehe aus demselben, dass die Entwicklungen, welche ich Seite 39 gebe, schon von Schlömilch gefunden sind.

INHALTSVERZEICHNISS.

Einleitung.

Erinnerung an die Kugelfunctionen.

Erster Abschnitt.

Definition und Eigenschaften der Bessel'schen Functionen.

Zweiter Abschnitt.

Entwicklung nach Bessel'schen Functionen.

Dritter Abschnitt.

Die Bessel'sche Differentialgleichung.

Vierter Abschnitt.

Partielle Differentialgleichungen.

Verbesserung.

Auf Seite 39, Zeile 4 mag statt der Worte:

welche innerhalb der gegebenen ringförmigen Fläche liegt, und ein . . . .

die deutlichere Ausdrucksweise substituirt werden:

welche der gegebenen ringförmigen Fläche angehört, und ein . . . .

Einleitung.

Erinnerung an die Kugelfunctionen.

§ 1. Cauchy's Theorem.

Sind die Werthe einer Function $f(z)$ eindeutig und stetig innerhalb eines endlichen Gebietes $\mathfrak{A}$, so sind sie darstellbar durch ein Integral, welches hinläuft über den Rand von $\mathfrak{A}$. Ist nämlich c irgend ein Punct innerhalb $\mathfrak{A}$, und sind z die Randpuncte von $\mathfrak{A}$, so gilt die schon von Cauchy aufgestellte Formel:

$$(1) \qquad f(c) = \frac{1}{2\pi i}\int^{\mathfrak{A}} \frac{f(z)\,dz}{z-c},$$

wo die Integration positiv herumläuft um $\mathfrak{A}$.

Besitzt die Fläche $\mathfrak{A}$ mehrere, etwa n Randcurven, so verwandelt sich das Integral in eine Summe von n Integralen, jedes derselben hinerstreckt über je eine der n Randcurven.

Was die positive Umlaufung von $\mathfrak{A}$ anbelangt, so ist (namentlich mit Bezug auf den Fall mehrerer Randcurven) Folgendes zu bemerken. Zu Grunde gelegt wird bei dieser Ausdrucksweise ein in der z-Ebene festgesetztes Coordinatensystem von solcher Beschaffenheit, dass der im Anfangspunct Stehende und in der Richtung der reellen Achse Fortsehende die Richtung der imaginären Achse markiren würde mit ausgestreckter Linken. Dies vorausgesetzt, ist bei jeder Randcurve von $\mathfrak{A}$ unter der positiven Richtung diejenige zu verstehen, in welcher die Curve durchwandert werden muss, falls man das angrenzende Flächengebiet beständig zur Linken haben will.*)

---

*) Vergl. hierüber, sowie in Betreff der Ableitung der Formel (1) meine „Vorlesungen über Riemann's Theorie der Abel'schen Integrale" Seite 71 und 86.

§ 2. Kugelfunctionen und Bessel'sche Functionen.

Dass sich die Cauchy'sche Formel (1.) nicht allein zur Begründung der Taylor'schen Entwicklung nach Potenzen, sondern ebenso gut auch zur Begründung von Entwicklungen, welche nach Kugelfunctionen fortlaufen, mit Vortheil verwenden lässt, habe ich in einer früheren Abhandlung*) gezeigt. Gegenwärtig beabsichtige ich zu zeigen, wie man auf ganz analogem Wege zur Begründung von Entwicklungen gelangen kann, welche fortschreiten nach den Bessel'schen Functionen.

Zwischen den Kugelfunctionen einerseits und den Bessel'schen Functionen andererseits findet, namentlich was Entwicklungen nach diesen beiderlei Functionen anbelangt, ein hoher Grad von Uebereinstimmung statt. Um diese möglichst deutlich hervortreten zu lassen, werde ich zunächst die schon früher in Betreff der Kugelfunctionen erhaltenen Resultate in Kürze zusammenstellen, und sodann erst übergehen zu dem eigentlichen Gegenstande dieser Abhandlung, nämlich zu den Bessel'schen Functionen.

§ 3. Integral-Eigenschaften der Kugelfunctionen.

Die Kugelfunctionen erster und zweiter Art, $P^n(z)$ und $Q^n(z)$, sind particuläre Lösungen der Differential-Gleichung

$$(2)\qquad \frac{\partial^2 F}{\partial z^2} - \frac{2z}{1-z^2}\frac{\partial F}{\partial z} + \frac{n(n+1)}{1-z^2}F = 0,$$

und werden in der von Heine festgesetzten Normalform**) dargestellt durch folgende Integrale:

$$(3)\qquad P^n(z) = \frac{1}{\pi}\int_0^\pi \frac{d\omega}{(z+\sqrt{z^2-1}\cdot\cos\omega)^{n+1}},$$

$$= \frac{1}{\pi}\int_0^\pi (z-\sqrt{z^2-1}\cdot\cos\omega)^n\, d\omega,$$

$$(4)\qquad Q^n(z) = \int_0^\infty \frac{d\omega}{(z+\sqrt{z^2-1}\cdot\cos i\omega)^{n+1}} \qquad i=\sqrt{-1}.$$

---

*) Nämlich in meiner Schrift: „Ueber die Entwicklung einer Function mit imaginärem Argument nach den Kugelfunctionen erster und zweiter Art." Halle, 1862.

**) Heine's Handbuch der Kugelfunctionen Seite 14, 15 und 59.

wo das Vorzeichen der zweideutigen Grösse $\sqrt{z^2-1}$ so zu wählen ist, dass der Bedingung

(5) $$mod\,(z+\sqrt{z^2-1}) > 1$$

Genüge geschieht.

Diese Functionen P, Q besitzen folgende Integral-Eigenschaften:

(6) $$\int P^m(z)\;P^n(z)\,dz = 0,$$
$$\int Q^m(z)\;Q^n(z)\,dz = 0,$$
$$\int P^m(z)\;Q^n(z)\,dz = k.$$

Die Integrationen sind hier über eine Ellipse mit den Brennpuncten ± 1 in positiver Richtung hinerstreckt zu denken, oder auch hinerstreckt zu denken über irgend welche andere geschlossene Curve, in welche eine derartige Ellipse, ohne mit der geradlinigen Strecke $-1 \cdots +1$ in Berührung zu kommen, durch Dehnung und Biegung deformirt werden kann.

Ferner repräsentiren m, n beliebige (gleiche oder verschiedene) Zahlen, und k eine Constante, welche

(6. a) $$= \frac{2\pi i}{2n+1}, \quad \text{oder} = 0$$

ist, jenachdem m, n gleich oder verschieden sind.

§ 4. Entwicklung nach Kugelfunctionen.

Ebenso wie man die Taylor'sche Entwicklung nach steigenden oder fallenden Potenzen aus der Cauchy'schen Formel (1.) dadurch ableitet, dass man den in jener Formel unter dem Integral stehenden Bruch $\frac{1}{z-c}$ entwickelt nach der Binomischen Reihe:

(7) $$\frac{1}{y-x} = \frac{1}{y} + \frac{x}{y^2} + \frac{x^2}{y^3} + \frac{x^3}{y^4} + \cdots\cdots,$$

ebenso bin ich (in der erwähnten Abhandlung) zu der Entwicklung einer Function nach den Kugelfunctionen erster oder zweiter Art dadurch gelangt, dass ich jenen in (1.) enthaltenen Bruch $\frac{1}{z-c}$ entwickelt habe mit Hülfe der Heine'schen Reihe:

(8) $$\frac{1}{y-x} = Q^0(y)\,P^0(x) + 3\,Q^1(y)\,P^1(x) + 5\,Q^2(y)\,P^2(x)$$
$$+ 7\,Q^3(y)\,P^3(x) + \cdots\cdots$$

Denkt man sich unter x, y irgend zwei complexe Variable, also irgend zwei Puncte auf der z Ebene, und denkt man sich ferner auf dieser Ebene ein System confocaler Ellipsen mit den Brennpuncten ± 1, so bleibt die vorstehende Reihe (wie aus Heine's Untersuchungen hervorgeht) convergent und gültig, so lange der Punct x auf einer engeren, der Punkt y auf einer weiteren Ellipse sich befindet. Mit Rücksicht hierauf führt nun die Cauchy'sche Formel (1.), wenn man den Bruch $\frac{1}{z-t}$ mit Hülfe der Heine'schen Reihe (8.) entwickelt, zu folgenden Resultaten.

Erster Satz. Für jede Function $f(z)$, welche innerhalb einer Ellipse mit den Brennpuncten ± 1 eindeutig und stetig bleibt, existirt eine Entwicklung:

(9) $$f(z) = \alpha_0 P^0(z) + \alpha_1 P^1(z) + \alpha_2 P^2(z) + \cdots\cdots,$$

welche gültig) ist für alle Puncte im Innern der Ellipse.*

Zweiter Satz. Für jede Function $f(z)$, welche eindeutig und stetig bleibt auf der von zwei confocalen Ellipsen mit den Brennpuncten ± 1 begrenzten ringförmigen Fläche, existirt eine Entwicklung:

(10) $$f(z) = \alpha_0 P^0(z) + \alpha_1 P^1(z) + \alpha_2 P^2(z) + \cdots\cdots + \beta_0 Q^0(z) + \beta_1 Q^1(z) + \beta_2 Q^2(z) + \cdots\cdots,$$

welche gültig ist für alle Puncte jener ringförmigen Fläche.

Die constanten Coefficienten α und α, β in diesen Entwicklungen (9.) und (10.) können unmittelbar erhalten werden durch Anwendung der in (6.) aufgeführten Integraleigenschaften. Ebenso ergiebt sich mit Hülfe dieser Integraleigenschaften augenblicklich, dass bei einer gegebenen Function $f(z)$ die Ausführung der Entwicklung (9.) oder (10.) immer nur auf einerlei Art möglich ist.

Die angegebenen beiden Sätze haben in neuester Zeit eine wichtige Erweiterung erhalten durch eine Untersuchung von Thomé. Thomé zeigt nämlich**), dass die Entwicklungen (9.) und (10.), ohne Beeinträchtigung ihres Gültigkeits-Gebietes, beliebig oft nach z differenzirt werden können.

---

*) Wenn eine Entwicklung gültig genannt wird innerhalb irgend welcher Grenzen, so versteht sich von selber, dass sie innerhalb dieser Grenzen auch convergent ist. Denn die Convergenz ist ein nothwendiger Bestandtheil der Gültigkeit.

In gleicher Weise betrachte ich (wie hier zu bemerken nicht überflüssig sein wird) das Endlichbleiben einer Function als einen nothwendigen Bestandtheil ihrer Stetigkeit.

**) Borchardt's Journal. Bd. 66, Seite 337.

Erster Abschnitt.

Definition und Eigenschaften der Bessel'schen Functionen.

§ 5. Die Bessel'schen Functionen erster Art J^n.

Die neuen Entwicklungen, welche den eigentlichen Gegenstand der gegenwärtigen Abhandlung bilden, laufen fort nach zweierlei Functionen $J^n(z)$ und $O^n(z)$, welche in ihrer gegenseitigen Beziehung grosse Aehnlichkeit zeigen mit den Functionen $P^n(z)$ und $Q^n(z)$, welche indessen nicht ein und derselben Differential-Gleichung zugehören.

Die Function $J^n(z)$ ist identisch mit der **Bessel'schen Function.** Sie ist eine particuläre Lösung der Gleichung:

$$\text{(1.)} \qquad \frac{\partial^2 F}{\partial z^2} + \frac{1}{z}\,\frac{\partial F}{\partial z} + \left(1 - \frac{n^2}{z^2}\right) F = 0$$

und dargestellt durch die **stets convergente Reihe:**

$$\text{(2.}a\text{)} \quad J^n(z) = \frac{z^n}{2\cdot 4 \cdots 2n}\left(1 - \frac{z^2}{2\cdot\overline{2n+2}} + \frac{z^4}{2\cdot 4\cdot\overline{2n+2}\cdot\overline{2n+4}} - \cdots\cdots\cdots\right).$$

Um diese Reihe*) (namentlich mit Bezug auf den Fall $n=0$) in unzweideutiger Weise hinzustellen, ist es gut, sie so zu schreiben:

$$\text{(2.}b\text{)} \quad J^n(z) = \frac{z^n}{2^n \Pi n}\left(1 - \frac{z^2}{2\cdot\overline{2n+2}} + \frac{z^4}{2\cdot 4\cdot\overline{2n+2}\cdot\overline{2n+4}} - \cdots\cdots\right),$$

wo Πn die von Gauss eingeführte Function vorstellt, wo also

---

*) Das Gesetz, nach welchem diese Reihe fortschreitet, ist leicht zu übersehen. Das nächstfolgende Glied in der Parenthese würde lauten:

$$- \frac{z^6}{2\cdot 4\cdot 6\cdot\overline{2n+2}\cdot\overline{2n+4}\cdot\overline{2n+6}}.$$

Die Vorzeichen sind alternirend.

$\Pi 0 = 1,$

$\Pi 1 = 1, \qquad \Pi 2 = 1 \cdot 2, \qquad \Pi 3 = 1 \cdot 2 \cdot 3, \qquad$ etc. etc.

ist. Durch weitere Anwendung dieser Gauss'schen Function kann die Reihe für $J^n(z)$ auch so dargestellt werden:

$$(2.c) \qquad J^n(z) = \frac{1}{\Pi 0\, \Pi n}\left(\frac{z}{2}\right)^n - \frac{1}{\Pi 1\, \Pi n+1}\left(\frac{z}{2}\right)^{n+2} + \frac{1}{\Pi 2\, \Pi n+2}\left(\frac{z}{2}\right)^{n+4} - \dots\dots$$

Endlich kann der Werth von $J^n(z)$ auch ausgedrückt werden vermittelst eines bestimmten Integrales, nämlich:

$$(2.d) \qquad J^n(z) = \frac{1}{\pi}\int_0^\pi \cos\,(z \sin\omega - n\omega)\, d\omega.$$

Diese letzte Formel bildet, beiläufig bemerkt, die **ursprüngliche** Definition von $J^n(z)$, wie sie von Bessel gegeben wurde.*) Ausserdem hat Bessel noch folgende andere Integral-Darstellung gefunden:

$$(2.d') \qquad J^n(z) = \frac{z^n}{1\cdot 3\cdot 5 \cdots 2n-1}\;\frac{1}{\pi}\int_0^\pi \cos\,(z \cos\omega)\, \sin^{2n}\omega\, d\omega,$$

welche später von Jacobi von Neuem abgeleitet wurde durch Anwendung einer sehr merkwürdigen allgemeinen Methode.**)

§ 3. Entwicklung von cos (z sin ω) und sin (z sin ω) nach den Cosinus und Sinus der Vielfachen von ω.

Die Formel (2.d) kann so geschrieben werden:

$$(3.) \qquad J^n(z) = \frac{1}{\pi}\int_0^\pi [\cos\,(z \sin\omega)\, \cos n\omega + \sin\,(z \sin\omega)\, \sin n\omega]\, d\omega.$$

Hieraus ergiebt sich leicht:

$$(4.a) \qquad J^n(z) = \frac{1}{\pi}\int_0^\pi \cos\,(z \sin\omega)\, \cos n\omega\, d\omega \qquad \text{für jedes gerade } n,$$

und andererseits:

*) Bessel: „Untersuchung des Theils der planetarischen Störungen, welcher aus der Bewegung der Sonne entsteht." Abhandlung. der Math. Classe der Berliner Akademie, aus dem Jahre 1824. S. 22.

**) Jacobi: „*Formula transformationis integralium definitorum.*" Crelle's Journal Bd. 15. Seite 13.

(4.b) $$J^n(z) = \frac{1}{\pi}\int_0^\pi \sin(z\sin\omega)\sin n\omega\, d\omega$$ für jedes ungerade n,

Aus den Formeln (4.a) und (4.b) aber folgt unmittelbar, dass die Entwicklungen von $\cos(z\sin\omega)$ und $\sin(z\sin\omega)$ nach den Cosinus und Sinus der Vielfachen von ω mit Coefficienten behaftet sind, welche identisch sein müssen mit den $J^n(z)$. So ergeben sich die (schon von Bessel aufgestellten) Formeln:

(5.a) $\cos(z\sin\omega) = J^0(z) + 2J^2(z)\cos 2\omega + 2J^4(z)\cos 4\omega + \cdots\cdots$

(5.b) $\sin(z\sin\omega) = 2J^1(z)\sin\omega + 2J^3(z)\sin 3\omega + 2J^5(z)\sin 5\omega + \cdots\cdots$

Hieraus folgen leicht die später nothwendigen Formeln:

(6.a) $1 = J^0(z) + 2J^2(z) + 2J^4(z) + 2J^6(z) + \cdots\cdots$

(6.b) $z = 2\cdot 1J^1(z) + 2\cdot 3J^3(z) + 2\cdot 5J^5(z) + 2\cdot 7J^7(z) + \cdots\cdots;$

denn (6.a) ergiebt sich aus (5.a), sobald man $\omega = 0$ setzt; und (6.b) wird erhalten, wenn man (5.b) nach ω differenzirt, und sodann wiederum $\omega = 0$ setzt.

Die Gleichungen (6.a, b) lassen sich übrigens, mehr symmetrisch, auch so darstellen:

(7.a) $1 = \epsilon_0 J^0(z) + \epsilon_2 J^2(z) + \epsilon_4 J^4(z) + \epsilon_6 J^6(z) + \cdots\cdots$

(7.b) $z = 1\epsilon_1 J^1(z) + 3\epsilon_3 J^3(z) + 5\epsilon_5 J^5(z) + 7\epsilon_7 J^7(z) + \cdots\cdots,$

wo ϵ_n eine Constante vorstellt, welche später noch vielfach benutzt werden soll, welche $= 1$ ist für $n = 0$, und $= 2$ ist für $n > 0$.

Die Entwicklungen (5.a, b) führen, wie hier beiläufig bemerkt werden mag, zu einer neuen gemeinschaftlichen Darstellung sämmtlicher Functionen J durch ein bestimmtes Integral.

Substituirt man nämlich in jenen Entwicklungen $\eta + \frac{\pi}{2}$ an Stelle von ω, so erhält man:

(8.a) $\cos(z\cos\eta) = J^0 - 2J^2\cos 2\eta + 2J^4\cos 4\eta - 2J^6\cos 6\eta$
$+ 2J^8\cos 8\eta - \cdots\cdots,$

(8.b) $\sin(z\cos\eta) = \quad 2J^1\cos\eta - 2J^3\cos 3\eta + 2J^5\cos 5\eta$
$- 2J^7\cos 7\eta + \cdots\cdots,$

wo $J^0, J^1, J^2, \cdots\cdots$ zur Abkürzung gesetzt sind für $J^0(z), J^1(z), J^2(z), \cdots\cdots$

Durch Benutzung der Grösse $i = \sqrt{-1}$ können wir diesen Formeln folgende Gestalt verleihen:

(9.a) $\cos(z\cos\eta) = J^0 + 2i^2J^2\cos 2\eta + 2i^4J^4\cos 4\eta + 2i^6J^6\cos 6\eta$
$+ \cdots\cdots$

$$(9.b) \qquad i \sin(z\cos\eta) = 2i\, J^1 \cos\eta + 2i^3 J^3 \cos 3\eta + 2i^5 J^5 \cos 5\eta + \cdots\cdots$$

Hieraus folgt durch Addition:

$$(10) \qquad e^{iz\cos\eta} = \sum_{n=0}^{n=\infty} \varepsilon_n\, i^n J^n \cos n\eta,$$

wo die Summation über alle positive ganze Zahlen hinläuft, und ε_n die vorhin eingeführte Constante vorstellt.

Aus dieser Entwicklung (10) ergiebt sich nun unmittelbar (statt J^n setzen wir wieder $J^n(z)$):

$$(11) \qquad i^n J^n(z) = \frac{1}{\pi}\int_0^\pi e^{iz\cos\eta} \cos n\eta \, d\eta,$$

oder, was dasselbe ist:

$$(12) \qquad J^n(z) = \frac{(-i)^n}{\pi}\int_0^\pi e^{iz\cos\eta} \cos n\eta \, d\eta,$$

eine Formel, welche, ebenso wie die Formeln (2. *d*) und (2. *d'*), gültig ist für jedes beliebige n.

§ 7. Uebergang von der Bessel'schen Function erster Art J^n zu den Functionen zweiter Art O^n.

Die Untersuchungen dieses § werden provisorischer Natur sein, nämlich angestellt werden auf Grund und mit Hülfe hypothetischer Voraussetzungen.

Es handelt sich darum, neue Functionen aufzustellen, welche einer gewissen vorgeschriebenen Anforderung Genüge leisten. Unsere erste hypothetische Voraussetzung besteht darin, dass diese vorgeschriebene Anforderung überhaupt erfüllbar ist, besteht also in der Annahme, dass die gesuchten Funktionen wirklich existiren.

Von dieser Hypothese aus führt ein directer, völlig sicherer, aber höchst beschwerlicher Weg zu jenen unbekannten Functionen hin. Diesen Weg werden wir nicht betreten. Wir werden einen andern, indirecten Weg einschlagen, der allerdings bequem, aber äusserst unsicher ist, der nämlich nur passirbar sein wird mit Zuhülfenahme von drei Voraussetzungen, die wiederum völlig hypothetischer Natur sind.

Ob also die Functionen, zu welchen wir in solcher Weise

gelangen, der vorgeschriebenen Anforderung wirklich Genüge leisten, wird durchaus zweifelhaft sein. Und dieser Zweifel wird erst beseitigt werden in späteren §§.

Es seien x und y zwei beliebige complexe Variable, geometrisch also dargestellt durch irgend zwei Puncte in der z-Ebene. Ferner seien $J^0(x)$, $J^1(x)$, $J^2(x)$, $\cdots\cdot$ die dem Argument x entsprechenden Bessel'schen Functionen. Endlich mögen mit $O^0(y)$, $O^1(y)$, $O^2(y)$, $\cdots\cdot\cdot$ die dem Argument y entsprechenden unbekannten Functionen bezeichnet werden. Die vorgeschriebene Anforderung, der diese unbekannten Functionen genügen sollen, lautet:

$$(1.a)\quad \frac{1}{y-x} = J^0(x)\,O^0(y) + 2J^1(x)\,O^1(y) + 2J^2(x)\,O^2(y) + 2J^3(x)\,O^3(y) + \cdots\cdots\cdots,$$

und kann also, mit Benutzung der früher eingeführten Constanten:

$$\varepsilon_0 = 1, \qquad \varepsilon_1 = \varepsilon_2 = \varepsilon_3 = \varepsilon_4 = \cdots\cdots = 2,$$

auch so ausgedrückt werden:

$$(1.b)\qquad \frac{1}{y-x} = \sum_0^\infty \varepsilon_n\, J^n(x)\; O^n(y).$$

Die unbekannten Functionen $O^n(y)$ sollen nämlich, wird gefordert, von solcher Beschaffenheit sein, dass diese Gleichung (1. a, b) entweder allgemein stattfindet bei völlig freier Beweglichkeit der Puncte x, y, oder wenigstens stattfindet, so lange die Bewegung jener Puncte beschränkt bleibt auf irgend welche Flächengebiete.

Unsere erste Hypothese besteht, wie schon angedeutet, darin, dass die einer solchen Anforderung entsprechenden Functionen $O^n(y)$ wirklich existiren. Von dieser Hypothese aus führt ein leicht findbarer directer Weg zur Aufstellung jener unbekannten Functionen.

Wir schlagen einen andern, indirecten Weg ein, und beginnen mit folgenden Betrachtungen. Versteht man bei irgend einer Function $f(x, y)$ oder f unter Δ und Δ' die Operationen:

$$(2)\qquad \begin{aligned} \Delta f &= \frac{\partial^2 f}{\partial x^2} + \frac{1}{x}\frac{\partial f}{\partial x} + f, \\ \Delta' f &= \frac{\partial^2 f}{\partial y^2} + \frac{3}{y}\frac{\partial f}{\partial y} + \frac{1+y^2}{y^2}\, f, \end{aligned}$$

so ergiebt sich

$$\Delta\left(\frac{1}{y-x}\right) = \frac{y+x}{x(y-x)^2} + \frac{1}{y-x},$$

oder

$$x^2 \Delta\left(\frac{1}{y-x}\right) = \frac{x(y+x)}{(y-x)^2} + \frac{x^2}{y-x},$$

oder, wenn man die Differenz $y-x=u$ setzt, und u an Stelle von x einführt,

$$x^2 \Delta\left(\frac{1}{y-x}\right) = \frac{(y-u)(2y-u)}{u^2} + \frac{(y-u)^2}{u},$$

d. i.

$$x^2 \Delta\left(\frac{1}{y-x}\right) = \frac{2y^2}{u^2} - \frac{3y}{u} + \frac{1+y^2}{u} - 2y + u,$$

oder, wenn man nunmehr u wieder ersetzt durch seine eigentliche Bedeutung $y-x$:

$$x^2 \Delta\left(\frac{1}{y-x}\right) = \frac{2y^2}{(y-x)^2} - \frac{3y}{(y-x)^2} + \frac{1+y^2}{y-x} - (y+x).$$

Diese Formel kann, wie leicht zu übersehen, auch so dargestellt werden:

$$x^2 \Delta\left(\frac{1}{y-x}\right) = y^2 \frac{\partial^2}{\partial y^2}\left(\frac{1}{y-x}\right) + 3y \frac{\partial}{\partial y}\left(\frac{1}{y-x}\right) + \frac{1+y^2}{y-x} - (y+x),$$

und kann daher mit Benutzung des in (2) eingeführten Operationszeichens Δ' auch so geschrieben werden:

(3) $$x^2 \Delta\left(\frac{1}{y-x}\right) = y^2 \Delta'\left(\frac{1}{y-x}\right) - (y+x).$$

Die Gleichung (1. a, b), deren Benutzung gestattet ist auf Grund unserer ersten Hypothese, führt nun mit grosser Leichtigkeit, jedoch mit Herbeiziehung einer **zweiten Hypothese**, zu den Formeln:

(4)
$$\Delta\left(\frac{1}{y-x}\right) = \sum_0^\infty \varepsilon_n\, O^n(y)\, \Delta J^n(x),$$
$$\Delta'\left(\frac{1}{y-x}\right) = \sum_0^\infty \varepsilon_n\, J^n(x)\, \Delta' O^n(y).$$

Die hiebei erforderliche zweite Hypothese besteht in der Annahme, dass jene durch irgend welche unbekannten Functionen $O^n(y)$ erfüllbare Gleichung (1. a, b) gültig bleibt bei wiederholter Differentiation nach x, y.

Die Substitution der Werthe (4) in die Gleichung (3) liefert

(5) $$y+x = \sum_0^\infty \varepsilon_n \left(J^n(x) \cdot y^2 \Delta' O^n(y) - O^n(y) \cdot x^2 \Delta J^n(x)\right).$$

Nun genügt die Bessel'sche Function $J^n(x)$ der (Seite 5 angegebenen) Differential-Gleichung

$$0 = \frac{\partial^2 J^n(x)}{\partial x^2} + \frac{1}{x}\frac{\partial J^n(x)}{\partial x} + \left(1 - \frac{n^2}{x^2}\right) J^n(x),$$

welche mit Anwendung des in (2) eingeführten Operationszeichens $\varDelta$ auch so darstellbar ist:

$$0 = \varDelta J^n(x) - \frac{n^2}{x^2} J^n(x).$$

Substituirt man diesen Werth von $\varDelta J^n(x)$ in (5), so erhält man

$$(6) \qquad y + x = \sum_0^\infty \varepsilon_n J^n(x) \left(y^2 \varDelta' O^n(y) - n^2 O^n(y)\right).$$

Hier haben wir das Binom $y + x$ vor uns, entwickelt in eine nach den $J^n(x)$ fortschreitende Reihe, deren Coefficienten repräsentirt sind durch Functionen von y.

Eine derartige Entwicklung des Binoms $y + x$ lässt sich leicht noch in anderer Weise erhalten, nämlich durch Benutzung zweier früherer Formeln (Seite 7), welche, wenn man den dortigen Buchstaben z mit x vertauscht, so lauten:

$$1 = \varepsilon_0 J^0(x) \;\; + \varepsilon_2 J^2(x) \;\; + \varepsilon_4 J^4(x) \;\; + \cdots\cdots$$
$$x = 1\varepsilon_1 J^1(x) + 3\varepsilon_3 J^3(x) + 5\varepsilon_5 J^5(x) + \cdots\cdots$$

Wird die erste dieser Formeln mit y multiplicirt, und sodann die zweite hinzuaddirt, so ergiebt sich

$$(7) \quad y + x = \varepsilon_0 \cdot y\, J^0(x) + \varepsilon_2 \cdot y\, J^2(x) + \varepsilon_4 \cdot y\, J^4(x) + \cdots\cdot$$
$$+ \varepsilon_1 \cdot 1\, J^1(x) + \varepsilon_3 \cdot 3 J^3(x) + \varepsilon_5 \cdot 5 J^5(x) + \cdots\cdot,$$

eine Entwicklung, welche, ebenso wie die in (6), fortschreitet nach den $J^n(x)$ und Coefficienten besitzt, die unabhängig von x sind.

Die dritte Hypothese dieses § besteht in der Annahme, dass diese beiden für das Binom $y + x$ erhaltenen Entwicklungen (6) und (7) unter einander identisch sind. Sie führt uns augenblicklich zu den Formeln:

$$(8) \quad \begin{aligned} y^2 \varDelta' O^n(y) - n^2 O^n(y) &= y \qquad \text{für jedes gerade } n, \\ y^2 \varDelta' O^n(y) - n^2 O^n(y) &= n \qquad \text{für jedes ungerade } n, \end{aligned}$$

Formeln, welche, mit Rücksicht auf die Bedeutung von $\varDelta'$, in ihrer ausführlichen Gestalt so lauten:

$$\frac{\partial^2 O^n(y)}{\partial y^2} + \frac{3}{y}\frac{\partial O^n(y)}{\partial y} + \left(1 - \frac{n^2-1}{y^2}\right) O^n(y) = \frac{1}{y} \quad \text{(gerades } n\text{)},$$

(9)

$$\frac{\partial^2 O^n(y)}{\partial y^2} + \frac{3}{y}\frac{\partial O^n(y)}{\partial y} + \left(1 - \frac{n^2-1}{y^2}\right) O^n(y) = \frac{n}{y^2} \quad \text{(ungerades } n\text{)}.$$

Eine etwas bequemere Gestalt erhalten diese Differential-Gleichungen, wenn man

(10) $$O^n(y) = y^{n-1}\,\Omega^n(y)$$

substituirt. Für die Functionen $\Omega^n(y)$ ergeben sich alsdann die Gleichungen:

$$\frac{\partial^2 \Omega^n(y)}{\partial y^2} + \frac{2n+1}{y}\frac{\partial \Omega^n(y)}{\partial y} + \Omega^n(y) = \frac{1}{y^n} \quad \text{(gerades } n\text{)},$$

(11)

$$\frac{\partial^2 \Omega^n(y)}{\partial y^2} + \frac{2n+1}{y}\frac{\partial \Omega^n(y)}{\partial y} + \Omega^n(y) = \frac{n}{y^{n+1}} \quad \text{(ungerades } n\text{)}.$$

Für diese letzteren Gleichungen lassen sich gewisse particuläre Lösungen leicht finden mit Hülfe der Ansätze:

$$\Omega^n(y) = \frac{C_0}{y^n} + \frac{C_2}{y^{n+2}} + \frac{C_4}{y^{n+4}} + \cdots \quad \text{(gerades } n\text{)},$$

(12)

$$\Omega^n(y) = \frac{C_1}{y^{n+1}} + \frac{C_3}{y^{n+3}} + \frac{C_5}{y^{n+5}} + \cdots \quad \text{(ungerades } n\text{)}.$$

Die Constanten C lassen sich nämlich ohne Mühe der Art bestimmen, dass den Gleichungen (11) Genüge geschieht. Auch findet man, dass diese C nur bis zu einem gewissen Range Werthe besitzen, später aber verschwinden, dass also die vorstehenden Ansätze zu particulären Lösungen führen von geschlossener Gestalt.

Hieraus ergeben sich dann unmittelbar entsprechende particuläre Lösungen für die ursprünglichen Differential-Gleichungen (9). Sie lauten:

$$O^n(y) = \frac{1}{y}\left(1 + \frac{n^2}{y^2} + \frac{n^2(n^2-2^2)}{y^4} + \frac{n^2(n^2-2^2)(n^2-4^2)}{y^6} + \cdots\right)$$
(gerades n),

(13)

$$O^n(y) = \frac{n}{y^2}\left(1 + \frac{n^2-1^2}{y^2} + \frac{(n^2-1^2)(n^2-3^2)}{y^4} + \frac{(n^2-1^2)(n^2-3^2)(n^2-5^2)}{y^6} + \cdots\right)$$
(ungerades n).

Diese Werthe besitzen eine geschlossene Gestalt. Denn die in den Parenthesen befindlichen Reihen brechen von selber ab, wie man augenblicklich erkennt.

Die *vierte und letzte Hypothese* dieses § besteht endlich in der Annahme, dass die eben gefundenen particulären Lösungen der Differential-Gleichungen (9) identisch sind mit den *gesuchten Functionen*, d. i. mit denjenigen Functionen $O^n(y)$, durch welche die in (1) gestellte Anforderung erfüllt wird.

Dass solches in der That der Fall ist, wird später mit voller Strenge nachgewiesen werden. Um aber diesen Nachweis führen zu können ist es erforderlich, dass wir die erhaltenen Functionen $O^n(y)$ näher ins Auge fassen. Um dabei eine grössere Symmetrie mit unseren früheren Untersuchungen über die Functionen $J^n(z)$ zu erzielen, werden wir den Buchstaben y vertauschen mit z.

§ 8. Die Bessel'schen Functionen *zweiter* Art O^n.

Die beiden Differential-Gleichungen (9) können (wenn man den Buchstaben y mit z vertauscht) zusammengefasst werden in die *eine* Gleichung:

$$(14) \qquad \frac{\partial^2 F}{\partial z^2} + \frac{3}{z}\frac{\partial F}{\partial z} + \left(1 - \frac{n^2-1}{z^2}\right) F = g_n,$$

wo dann g_n eine gegebene Function von z vorstellt, von verschiedener Bedeutung je nach dem Werthe von n; nämlich:

$$(14.a) \qquad \begin{aligned} g_n &= \frac{1}{z} \qquad \text{für jedes gerade } n, \\ g_n &= \frac{n}{z^2} \qquad \text{für jedes ungerade } n. \end{aligned}$$

So hypothetisch die Untersuchungen des vorhergehenden § auch sein mögen, mit voller Gewissheit geht aus ihnen hervor, dass dieser Differential-Gleichung (14) genügt wird durch eine Function $O^n(z)$, welche, jenachdem n gerade oder ungerade ist, dargestellt wird durch eine der beiden Formeln:

$$O^n(z) = \frac{1}{z}\left(1 + \frac{n^2}{z^2} + \frac{n^2(n^2-2^2)}{z^4} + \frac{n^2(n^2-2^2)(n^2-4^2)}{z^6} + \cdots\right)$$

(gerades n),

(15. a)

$$O^n(z) = \frac{n}{z^2}\left(1 + \frac{n^2-1^2}{z^2} + \frac{(n^2-1^2)(n^2-3^2)}{z^4} + \frac{(n^2-1^2)(n^2-3^2)(n^2-5^2)}{z^6} + \cdots\right)$$

(ungerades n).

Diese Formeln sollen von jetzt ab als die Definition der Function $O^n(z)$ angesehen werden. Aus ihnen ergiebt sich, um einige Beispiele anzuführen:

$$
(15.a') \qquad
\begin{aligned}
O^0(z) &= \frac{1}{z}, \\
O^2(z) &= \frac{1}{z} + \frac{4}{z^3}, \\
O^4(z) &= \frac{1}{z} + \frac{16}{z^3} + \frac{192}{z^5}, \\
&\ldots\ldots\ldots\ldots\ldots
\end{aligned}
$$

und andererseits:

$$
(15.a'') \qquad
\begin{aligned}
O^1(z) &= \frac{1}{z^2}, \\
O^3(z) &= \frac{3}{z^2} + \frac{24}{z^4}, \\
O^5(z) &= \frac{5}{z^2} + \frac{120}{z^4} + \frac{1920}{z^6}, \\
&\ldots\ldots\ldots\ldots\ldots
\end{aligned}
$$

Allgemein erkennt man aus den Formeln (15, a) und mit Rücksicht auf das Abbrechen dieser Formeln, dass $O^n(z)$ eine ganze rationale Function von $\frac{1}{z}$ vom $(n+1)^{\text{ten}}$ Grade ist, welche verschwindet für $z = \infty$.

Die beiderlei Werthe, welche $O^n(z)$ besitzt, jenachdem n gerade oder ungerade, können, auf etwas künstliche, für einige Untersuchungen aber vortheilhafte Art, in gemeinsame Form gebracht werden. Setzt man nämlich:

$$
\begin{aligned}
A_1^n &= 1, \\
A_2^n &= n, \\
A_3^n &= n \cdot n, \\
A_4^n &= n \cdot (n-1)\,(n+1), \\
A_5^n &= n \cdot (n-2)\, n\,(n+2), \\
A_6^n &= n \cdot (n-3)\,(n-1)\,(n+1)\,(n+3), \\
A_7^n &= n \cdot (n-4)\,(n-2)\, n\,(n+2)\,(n+4),
\end{aligned}
$$

u. s. w., mithin allgemein:

$$A_p^n = n \cdot (n-p+3)\,(n-p+5)\,(n-p+7) \cdots\cdots (n+p-3),$$

und setzt man ausserdem:

$$\mathfrak{l}_q = \frac{1-(-1)^q}{2}, \text{ folglich } \mathfrak{l}_{n+p} = \frac{1-(-1)^{n+p}}{2},$$

so dass also $\mathfrak{l}_{n+p}$ den Werth 0 oder 1 besitzt, jenachdem $n+p$ eine gerade oder ungerade Zahl ist, so erhält man für jedes beliebige n:

$$(15.a''') \qquad O^n(z) = \sum_{p=1}^{p=\infty} \mathfrak{l}_{n+p}\, A_p^n\, z^{-p}.$$

Die obere Grenze dieser Summe kann nämlich $= \infty$ gesetzt werden, weil die bei der Summation entstehende Reihe von selber abbricht mit einem gewissen Gliede. Bei geradem n verschwindet der Factor λ für jedes gerade p, so dass nur ungerade Potenzen von z übrig bleiben. Und ebenso sieht man, dass nur gerade Potenzen von z übrig bleiben werden, sobald n ungerade ist.

Eine andere und weit einfachere Darstellungsart ergiebt sich für die Functionen $O^n(z)$, wenn man die als Definition hingestellten Ausdrücke (15.a) in umgekehrter Weise (nach steigenden statt nach fallenden Potenzen von z) ordnet. Man findet alsdann für jedes beliebige n den Werth:

$$(15.b) \qquad \varepsilon_n O^n(z) = \frac{2^n \Pi n}{z^{n+1}}\left(1 + \frac{z^2}{2\cdot \overline{2n-2}} + \frac{z^4}{2\cdot 4\cdot \overline{2n-2}\cdot \overline{2n-4}} + \cdots\cdots\right),$$

wo unter ε_n wiederum jene schon oft gebrauchte Constante zu verstehen ist, welche den Werth 1 hat für $n = 0$, den Werth 2 für $n > 0$. Diese Formel zeigt eine überraschende Aehnlichkeit mit der für $J^n(z)$ auf Seite 5 angegebenen Formel (2.b). Sie leidet aber an der Unbequemlichkeit, dass der in Parenthese stehende Ausdruck nicht von selber abbricht, des Abbruchs aber bedarf. Das letzte jenem Ausdruck noch einzuverleibende Glied lautet, jenachdem n gerade oder ungerade ist, entweder:

$$\frac{z^n}{2\cdot 4\cdots n\cdot \overline{2n-2}\cdot \overline{2n-4}\cdots n} \qquad \text{(gerades } n\text{)},$$

oder:

$$\frac{z^{n-1}}{2\cdot 4\cdots \overline{n-1}\cdot \overline{2n-2}\cdot \overline{2n-4}\cdots \overline{n+1}} \qquad \text{(ungerades } n\text{)}.$$

Bemerkt mag noch werden, dass die Formel (15.b) auch so darstellbar ist:

$$(15.c) \qquad \varepsilon_n O^n(z) = \frac{\Pi n}{z\,\Pi(n-1)}\left[\frac{\Pi(n-1)}{\Pi 0}\left(\frac{2}{z}\right)^n + \frac{\Pi(n-2)}{\Pi 1}\left(\frac{2}{z}\right)^{n-2} + \frac{\Pi(n-3)}{\Pi 2}\left(\frac{2}{z}\right)^{n-4} + \cdots\right].$$

Der in Parenthese stehende Ausdruck bedarf hier wiederum des Abbruchs. Sein letztes Glied lautet entweder:

$$\frac{\Pi\frac{n-2}{2}}{\Pi\frac{n}{2}}\left(\frac{2}{z}\right)^0 \qquad \text{(gerades } n\text{)},$$

oder:

$$\frac{\Pi\frac{n-1}{2}}{\Pi\frac{n-1}{2}}\left(\frac{2}{z}\right)^1 \qquad \text{(ungerades } n\text{)}.$$

Die Function $O^n(z)$ ist, wie schon (Seite 14) bemerkt wurde, zu **charakterisiren als eine ganze rationale Function von $\frac{1}{z}$ vom $(n+1)^{ten}$ Grade, welche verschwindet für $z=\infty$.** Hiermit steht, wie man augenblicklich übersieht, in unmittelbarer Beziehung der Abbruch der Ausdrücke (15. b, c). **Diese Ausdrücke sind nämlich, dies können wir als allgemeine und stets gültige Regel hinstellen, jederzeit so weit fortzusetzen, als es verträglich ist mit dem eben genannten Charakter der Function $O^n(z)$.**

Endlich kann die Function $O^n(z)$ auch dargestellt werden durch ein bestimmtes Integral. Von den Ausdrücken (15. a) ausgehend findet man ohne erhebliche Anstrengung*):

$$(15.\,d)\qquad O^n(z)=\int_0^\infty \frac{(\omega+\sqrt{\omega^2+z^2})^n+(\omega-\sqrt{\omega^2+z^2})^n}{2z^{n+1}}\,e^{-\omega}\,d\omega.$$

Schon die äussere Gestalt der Functionen J und O verräth, wenn man einen Blick auf die Formeln (2. b. Seite 5 und (15. b) Seite 15 wirft, eine gewisse Zusammengehörigkeit dieser Functionen, ähnlich derjenigen, welche zwischen den Kugelfunctionen P und Q stattfindet. Dass eine solche Zusammengehörigkeit wirklich vorhanden ist, wird die weitere Untersuchung deutlich hervortreten lassen. Mit Rücksicht hierauf mag es mir gestattet sein, den Namen der Functionen J auszudehnen auf die O, nämlich die J als **Bessel'sche Functionen erster Art**, die O als **Bessel'sche Functionen zweiter Art** zu bezeichnen.

Ein Mangel in der erwähnten Analogie besteht allerdings darin, dass P und Q particuläre Lösungen ein und derselben Differential-Gleichung sind, während die Functionen J und O verschiedenen Differential-Gleichungen zugehören, nämlich den Gleichungen (1.) Seite 5 und (14.) Seite 13.

§ 9. Integral-Eigenschaften der Bessel'schen Functionen erster und zweiter Art.

Die Function $J^n(z)$ wird durch eine Reihe (Seite 5) dargestellt, welche nach positiven ganzen Potenzen von z fortläuft.

*) Die Ableitung dieser Formel unterdrücke ich, weil von ihr im Folgenden kein Gebrauch gemacht werden wird.

und welche (ebenso etwa wie die Reihen für $\sin z$ und $\cos z$) convergent ist für alle Puncte der zEbene. Daraus folgt:

(1) *Die Function $J^n(z)$ ist auf der z Ebene allenthalben eindeutig und stetig. Gleiches gilt von ihren sämmtlichen Ableitungen.*

Andererseits ergiebt sich aus der für $O^n(z)$ hingestellten Definition (Seite 13.):

(2) *Die Function $O^n(z)$ ist von der Form:*

$$O^n(z) = \frac{A}{z^{n+1}} + \frac{B}{z^n} + \frac{C}{z^{n-1}} + \cdots + \frac{G}{z^2} + \frac{H}{z},$$

wo $A, B, C, \cdots G, H$ Constante, und zum Theil $= 0$ sind. Sie ist daher eindeutig und stetig in allen Puncten der z Ebene, ausser im Puncte 0. Gleiches gilt von ihren Ableitungen.

Aus (1) ergiebt sich unmittelbar:

(3) $$\int J^m(z)\, J^n(z)\, dz = 0,$$

wo die Integration auf der zEbene hinerstreckt sein kann über eine beliebige in sich zurücklaufende Curve, und wo m, n irgend zwei beliebige (gleiche oder verschiedene) Zahlen vorstellen.

Ebenso ergiebt sich aus (2), dass die analoge Formel

(4) $$\int O^m(z)\, O^n(z)\, dz = 0,$$

gültig sein wird, sobald die in sich zurücklaufende Integrations-Curve ein Gebiet umgrenzt, welches den Unstetigkeitspunct 0 der Functionen O nicht in sich enthält. Beachtet man aber, dass das Integral

$$\int \frac{dz}{z^p z^q},$$

hinerstreckt über einen um jenen Punct 0 beschriebenen Kreis, verschwindet, sobald p, q positive ganze und von 0 verschiedene Zahlen sind, so ergiebt sich mit Rücksicht auf die in (2) angegebene allgemeine Form der Functionen O augenblicklich, dass die Gleichung (4) an die eben gemachte Beschränkung nicht gebunden ist, dass sie vielmehr, ebenso wie (3), gültig sein wird für jede beliebige in sich zurücklaufende Integrations-Curve*).

*) Streng genommen, muss vorausgesetzt werden, dass die Integrations-Curve den Punct 0 nicht berührt, weil sonst der Ausdruck unter dem Integral unendlich gross werden würde in dem Augenblick, wo die Integration diesen Punct passirt. Dieselbe Voraussetzung wird auch noch späterhin in diesem § gemacht werden. Sie liegt so deutlich zu Tage, dass ihre jedesmalige Erwähnung überflüssig erscheint.

Um endlich drittens die Integrale von der Gattung

$$(5) \qquad \int J^m(z)\, O^n(z)\, dz$$

zu untersuchen, gehen wir zurück auf die Differential-Gleichungen. Setzen wir zur Abkürzung $J^m(z) = J$ und $O^n(z) = O$, so lauten jene Gleichungen (Seite 5 und 13) folgendermassen:

$$(6) \qquad \begin{aligned} &\frac{\partial^2 J}{\partial z^2} + \frac{1}{z}\frac{\partial J}{\partial z} + \left(1 - \frac{m^2}{z^2}\right) J = 0, \\ &\frac{\partial^2 O}{\partial z^2} + \frac{3}{z}\frac{\partial O}{\partial z} + \left(1 - \frac{n^2-1}{z^2}\right) O = g_n, \end{aligned}$$

und können, wie leicht zu übersehen, auch so dargestellt werden:

$$(7) \qquad \begin{aligned} &\frac{\partial^2 J}{\partial z^2} + \frac{1}{z}\frac{\partial J}{\partial z} + \left(1 - \frac{m^2}{z^2}\right) J = 0, \\ &\frac{\partial^2 zO}{\partial z^2} + \frac{1}{z}\frac{\partial zO}{\partial z} + \left(1 - \frac{n^2}{z^2}\right) zO = zg_n. \end{aligned}$$

Hieraus ergiebt sich, wenn man die erste Gleichung mit $-zO$, die zweite mit J multiplicirt, und dann beide addirt:

$$\left(J\frac{\partial^2 zO}{\partial z^2} - zO\frac{\partial^2 J}{\partial z^2}\right) + \frac{1}{z}\left(J\frac{\partial zO}{\partial z} - zO\frac{\partial J}{\partial z}\right) + \\ + \frac{m^2-n^2}{z^2}\, zJO = zg_nJ,$$

oder, wenn man zur Abkürzung $J\frac{\partial zO}{\partial z} - zO\frac{\partial J}{\partial z} = U$ setzt:

$$\frac{\partial U}{\partial z} + \frac{U}{z} + (m^2-n^2)\frac{JO}{z} = zg_nJ,$$

oder wenn man mit z multiplicirt:

$$z\frac{\partial U}{\partial z} + U + (m^2 - n^2)\, JO = z^2 g_n J,$$

oder, was dasselbe ist:

$$(8) \qquad \frac{\partial zU}{\partial z} + (m^2 - n^2)\, JO = z^2 g_n J.$$

Integrirt man diese Gleichung über eine beliebige in sich zurücklaufende Curve, so ergiebt sich:

$$(9) \qquad (m^2 - n^2)\int JO dz = \int z^2 g_n J dz.$$

Das Product $z^2 g_n$ ist (zufolge des Werthes von g_n Seite 13) entweder $= z$, oder $= n$. Demnach ist $z^2 g_n J$, ebenso wie J selber, auf der z-Ebene überall eindeutig und stetig, das über jene Curve hinerstreckte Integral $\int z^2 g_n J dz$ also $= 0$. Somit verwandelt sich die Gleichung (9) in:

(10) $$(m^2 - n^2)\int J O dz = 0,$$

oder ausführlicher geschrieben, in:

(10. a) $$(m^2 - n^2)\int J^m(z)\, O^n(z)\, dz = 0.$$

Hieraus folgt, dass

(11) $$\int J^m(z)\, O^n(z)\, dz = 0$$

sein muss, so oft die Zahlen m, n verschieden sind.

Zu untersuchen bleibt schliesslich noch der Werth des Integrales (11) für den Fall $m = n$. Nach den Definitionen von $J^n(z)$ und $O^n(z)$, Seite 5 und 15, ist

$$J^n(z) = \frac{z^n}{2^n \Pi_n}\left(1 + az^2 + bz^4 + \cdots\right),$$

$$\epsilon_n O^n(z) = \frac{2^n \Pi_n}{z^{n+1}}\left(1 + \alpha z^2 + \beta z^4 + \cdots\right),$$

wo a, b, ... α, β, ... Constante sind, auf deren Werthe es hier nicht weiter ankommt. Hieraus folgt durch Multiplication:

$$\epsilon_n J^n(z)\, O^n(z) = \frac{1}{z}\left(1 + Az^2 + Bz^4 + \cdots\right),$$

wo A, B, ... ebenfalls Constante sind. Integrirt man diese Gleichung über irgend eine in sich zurücklaufende Curve, so erhält man

$$\epsilon_n \int J^n(z)\, O^n(z)\, dz = \int \frac{dz}{z}.$$

Hieraus aber folgt, dass das **Integral**

(12) $$\epsilon_n \int J^n(z)\, O^n(z)\, dz = 2\pi i, \quad \text{oder} = 0$$

sein muss, jenachdem das von der Curve umgrenzte Gebiet den Punct 0 enthält, oder nicht enthält. Vorausgesetzt wird dabei, dass die Integration um dieses Gebiet herumläuft in positiver Richtung.

Die einzelnen Ergebnisse in (3), (4) und (11), (12) können folgendermassen zusammengefasst werden.

Versteht man unter $\int$ eine auf der z Ebene in geschlossener Bahn und in positiver Richtung herumlaufende Integration, so gelten die Formeln:

(13)
$$\int J^m(z)\, J^n(z)\, dz = 0,$$
$$\int O^m(z)\, O^n(z)\, dz = 0,$$
$$\int J^m(z)\, O^n(z)\, dz = k,$$

wo m, n beliebige (gleiche oder verschiedene) Zahlen sind.

Wenn das von der Integrations-Curve umgrenzte Gebiet den Punct 0 nicht enthält, so ist jederzeit

$$k = 0.$$

Enthält aber jenes Gebiet den Punct 0 in sich, so ist

$$k = \frac{2\pi i}{4n}, \qquad \text{oder} = 0,$$

jenachdem die Zahlen m, n gleich oder verschieden sind.

Um jede Ungenauigkeit zu entfernen, ist schliesslich noch zu bemerken, dass einige der hier aufgeführten Formeln ungültig werden, sobald die Integrationscurve den Punct 0 berührt; wie sich solches sowohl aus der Beschaffenheit dieser Formeln, als auch aus ihrer Herleitung leicht erkennen lässt. Andere Ausnahmefälle existiren nicht.

§ 10. Recurrirende Eigenschaften der Bessel'schen Functionen erster und zweiter Art.

Die Definitionen der Functionen J und O führen, wie sogleich erläutert werden soll, zu folgendem merkwürdigen Satz.

Für jedes beliebige n (ausgenommen n = 0) ist:

$$\text{(14. a)} \qquad 2\frac{\partial J^n(z)}{\partial z} = J^{n-1}(z) - J^{n+1}(z),$$

$$2\frac{\partial O^n(z)}{\partial z} = O^{n-1}(z) - O^{n+1}(z).$$

Auf den Fall n = 0 sind diese Formeln schon desshalb nicht anwendbar, weil $J^{-1}(z)$ und $O^{-1}(z)$ ohne Definition geblieben sind. Diese Lücke findet ihre Ausfüllung in den Formeln

$$\text{(14. b)} \qquad \frac{\partial J^0(z)}{\partial z} = - J^1(z),$$

$$\frac{\partial O^0(z)}{\partial z} = - O^1(z).$$

In Bezug auf diese Relationen herrscht also zwischen den beiderlei Functionen J und O die vollständigste Uebereinstimmung.

Die Relationen für die J lassen sich auf Grund der festgesetzten Definition:

$$\text{(15)} \quad J^n(z) = \frac{z^n}{2\cdot4\cdots2n}\left(1 - \frac{z^2}{2\cdot2n+2} + \frac{z^4}{2\cdot4\cdot2n+2\cdot2n+4} - \cdots\cdots\right)$$

mit solcher Leichtigkeit beweisen, dass ein näheres Eingehen hierauf überflüssig erscheint.

Mehr Mühe macht der Beweis bei den O. Was zunächst den Fall $n = 0$ anbelangt, so ergiebt sich die Relation (14. b) augenblicklich aus den (Seite 14) gefundenen Werthen:

$$O^0(z) = \frac{1}{z}, \qquad O^1(z) = \frac{1}{z^2}.$$

Um die den übrigen Fällen $n > 0$ entsprechende Relation (14. a) zu beweisen, gehen wir aus von der Formel

(16) $$O^n(z) = \Sigma \lambda_{n+p} A_p^n z^{-p},$$

(welche Seite 14 besprochen ist). Aus dieser folgt:

$$O^{n-1}(z) = \Sigma \lambda_{n+p-1} A_p^{n-1} z^{-p},$$

(17) $$O^{n+1}(z) = \Sigma \lambda_{n+p+1} A_p^{n+1} z^{-p},$$

$$\frac{\partial O^n(z)}{\partial z} = -\Sigma p \lambda_{n+p} A_p^n z^{-p-1}.$$

Die Summationen Σ sind hier erstreckt über $p = 1, 2, 3, \cdots \infty$. In den drei Ausdrücken (17) sind die Coefficienten von z^{-p} folgende:

$$\lambda_{n+p-1} A_p^{n-1},$$

(17. a) $$\lambda_{n+p+1} A_p^{n+1},$$

$$-(p-1)\lambda_{n+p-1} A^n_{p-1}.$$

Diese Coefficienten nun müssen, falls jene Ausdrücke (17) der Relation

$$2\frac{\partial O^n(z)}{\partial z} = O^{n-1}(z) - O^{n+1}(z)$$

genügen sollen, von solcher Beschaffenheit sein, dass

(16) $$-2(p-1)\lambda_{n+p-1} A^n_{p-1} = \lambda_{n+p-1} A_p^{n-1} - \lambda_{n+p+1} A_p^{n+1}$$

ist. Die Indices der drei λ (nämlich $n + p - 1$ und $n + p + 1$) sind entweder beide gerade oder beide ungerade, die Grössen λ selber also von gleichem Werth; so dass die zu erfüllende Gleichung sich reducirt auf:

(17) $$-2(p-1) A^n_{p-1} = A_p^{n-1} - A_p^{n+1}.$$

Dass diese nun aber wirklich erfüllt wird, zeigt sich augenblicklich, wenn man für die A ihre Werthe (Seite 14) substituirt.

Von Bessel selber wurde bereits eine Relation entdeckt, wichtig für eine recurrirende Berechnung der Functionen J. Er fand nämlich:

Für jedes beliebige n (ausgenommen n = 0) ist

(18) $$\frac{2n}{z} J^n(z) = J^{n-1}(z) + J^{n+1}(z),$$

eine Relation, welche auf den Fall n = 0 schon deshalb nicht anwendbar ist, weil $J^{-1}(z)$ ohne Definition geblieben ist.

Von der Richtigkeit dieses Satzes kann man sich, mit Zugrundelegung der Formel (15), durch eine einfache Rechnung leicht überzeugen.

Subtrahirt man von der Relation (18) die in (14.*a*) aufgestellte Relation:

$$2\frac{dJ^n(z)}{dz} = J^{n-1}(z) - J^{n+1}(z),$$

so ergiebt sich:

(19) $$\frac{n}{z} J^n(z) - \frac{dJ^n(z)}{dz} = J^{n+1}(z).$$

Diese letztere Relation hat vor den früheren den Vorzug, dass sie nicht allein für $n > 0$ gilt, sondern auch noch gültig ist für $n = 0$. Denn für $n = 0$ verwandelt sie sich in

(19.*a*) $$-\frac{dJ^0(z)}{dz} = J^1(z),$$

eine Formel, welche identisch ist mit (14. *b*). Somit können wir folgenden Satz hinstellen.

Für jedes beliebige n (inclusive n = 0) ist:

(20) $$J^{n+1}(z) = \frac{n}{z} J^n(z) - \frac{dJ^n(z)}{dz},$$

eine Relation, welche je zwei aufeinanderfolgende der Functionen J miteinander verbindet.

Bei den Functionen *O* Eigenschaften zu entdecken, welche denen in (18) und (20) analog wären, ist mir nicht gelungen. Die in diesem § angegebenen Relationen sind für die Bessel'schen Functionen erster Art, nämlich für die *J*, schon von Bessel selber abgeleitet worden*), und zwar mit Hülfe einer Methode von bemerkenswerther Einfachheit, welche hier kurz angegeben werden mag. Die Formel (Seite 6):

$$J^n(z) = \frac{1}{\pi}\int_0^\pi \cos(n\omega - z\sin\omega)\, d\omega$$

*) l. c. Seite 31 und 34.

verwandelt sich, wenn man zur Abkürzung

(21) $$U = n\omega - z \sin \omega$$

setzt, in:

(22) $$J^n(z) = \frac{1}{\pi} \int_0^\pi \cos U \, d\omega.$$

Gleichzeitig wird alsdann:

(23) $$J^{n-1}(z) = \frac{1}{\pi} \int_0^\pi \cos (U - \omega) \, d\omega,$$

(24) $$J^{n+1}(z) = \frac{1}{\pi} \int_0^\pi \cos (U + \omega) \, d\omega.$$

Nun ist, wenn man z als constant, und nur ω als variabel ansieht (nach 21):

$$d \sin U = \cos U \, dU = \cos U \, (n \, d\omega - z \cos \omega \, d\omega),$$

und wenn man nun nach ω integrirt zwischen 0 und π:

$$\Big[\sin U\Big]_{\omega=0}^{\omega=\pi} = n \int_0^\pi \cos U d\omega - z \int_0^\pi \cos U \cos \omega \, d\omega.$$

Diese Gleichung verwandelt sich mit Rücksicht auf (21) und (22) in:

$$0 = n\pi \, J^n(z) - z \int_0^\pi \cos U \cos \omega \, d\omega,$$

und liefert daher:

(25) $$\frac{1}{\pi} \int_0^\pi \cos U \cos \omega \, d\omega = \frac{n}{z} \, J^n(z).$$

Nun ist allgemein:

$$2 \cos U \cos \omega = \cos (U - \omega) + \cos (U + \omega),$$

mithin:

$$\frac{2}{\pi} \int_0^\pi \cos U \cos \omega \, d\omega = \frac{1}{\pi} \int_0^\pi \Big(\cos (U - \omega) + \cos (U + \omega)\Big) d\omega.$$

Hieraus folgt mit Rücksicht auf (23), (24), (25):

(26) $$\frac{2n}{z} \, J^n(z) = J^{n-1}(z) + J^{n+1}(z).$$

Ferner ergiebt sich durch Differentiation der Formel (22) nach z:

$$\frac{\partial J^n(z)}{\partial z} = \frac{1}{\pi} \int_0^\pi \sin U \sin \omega \, d\omega,$$

oder, was dasselbe ist:

$$2 \frac{\partial J^n(z)}{\partial z} = \frac{1}{\pi} \int_0^\pi \Big(\cos(U-\omega) - \cos(U+\omega)\Big) \, d\omega,$$

also mit Rücksicht auf (23), (24):

$$(27) \qquad 2 \frac{\partial J^n(z)}{\partial z} = J^{n-1}(z) - J^{n+1}(z).$$

Die Formeln (26) und (27) sind aber identisch mit den in (14) und (18) aufgestellten Relationen.

Ein noch anderer Weg zur Herleitung dieser Relationen ist von Anger*) eingeschlagen. Anger geht aus von den (Seite 7 angegebenen) Entwicklungen der Ausdrücke cos (z sin ω) und sin (z sin ω).

Zweiter Abschnitt.

Entwicklung nach Bessel'schen Functionen.

§ 11. Convergenz gewisser Reihen, deren Glieder durch Bessel'sche Functionen ausgedrückt sind.

Wir bezeichnen mit R^{00} und R^{pq} folgende Reihen

$$(1) \qquad R^{00} = \sum_{n=0}^{n=\infty} \varepsilon_n J^n(x) \, O^n(y),$$

$$(2) \qquad R^{pq} = \sum_{n=0}^{n=\infty} \varepsilon_n \frac{\partial^p J^n(x)}{\partial x^p} \, \frac{\partial^q O^n(y)}{\partial y^q},$$

und werden untersuchen, wie die Argumente x, y beschaffen sein müssen, damit diese Reihen convergent sind.

*) Anger: „Untersuchungen über die Functionen J_k^h, mit Anwendungen auf das Kepler'sche Problem." Danzig. 1855. Seite 2—5.

Wir beginnen mit der Ableitung eines Hülfsatzes. Ist eine Function $f(z)$ auf der z-Ebene eindeutig und stetig innerhalb eines beliebig gegebenen Kreises, und ist c irgend ein Punct innerhalb dieses Kreises, so wird nach der Cauchy'schen Formel (Seite 1)

$$(3) \qquad f(c) = \frac{1}{2\pi i}\int \frac{f(z)\,dz}{z-c}$$

sein, wo die Integration positiv hinerstreckt zu denken ist um den Kreis. Hieraus folgt durch $p$malige Differentiation nach c:

$$(4) \qquad \frac{\partial^p f(c)}{\partial c^p} = \frac{\Pi p}{2\pi i}\int \frac{f(z)\,dz}{(z-c)^{p+1}}.$$

Zum Puncte c wollen wir gegenwärtig den Mittelpunct des gegebenen Kreises nehmen. Setzen wir gleichzeitig, was die Randpuncte z anbelangt:

$$z - c = \varrho e^{i\vartheta},$$

mithin

$$dz = \varrho e^{i\vartheta} i d\vartheta,$$

wo ϱ den Radius des Kreises repräsentirt, so verwandeln sich die Formeln (3), (4) in folgende:

$$(5) \qquad f(c) = \frac{1}{2\pi}\int f(z)\,d\vartheta.$$

$$(6) \qquad \frac{\partial^p f(c)}{\partial c^p} = \frac{\Pi_p}{\varrho^p}\,\frac{1}{2\pi}\int f(z)\,e^{-pi\vartheta}\,d\vartheta.$$

Mit Hülfe des bekannten Satzes, dass der Modul einer Summe kleiner ist, als die Summe der Modulu:

$$mod\,(u + v + w + \cdots) < mod\,u + mod\,v + mod\,w + \cdots,$$

ergiebt sich nun aus der Formel (6):

$$mod\,\frac{\partial^p f(c)}{\partial c^p} < \frac{\Pi_p}{\varrho^p}\,\frac{1}{2\pi}\int mod\,\left(f(z)\,e^{-pi\vartheta}\,d\vartheta\right),$$

oder weil $mod\,e^{-pi\vartheta} = 1$, und $mod\,d\vartheta = d\vartheta$ ist:

$$(7) \qquad mod\,\frac{\partial^p f(c)}{\partial c^p} < \frac{\Pi_p}{\varrho^p}\,\frac{1}{2\pi}\int mod\,f(z)\cdot d\vartheta.$$

Repräsentirt die Constante M den grössten Werth, welchen $mod\,f(z)$ innerhalb des gegebenen Kreises besitzt, so wird die rechte Seite der vorstehenden Formel, wenn man $mod\,f(z)$ durch jene Constante M ersetzt, noch weiter vergrössert werden. Um so mehr also wird

$$(8) \qquad mod \frac{\partial^r f(c)}{\partial c^r} < \frac{\Pi_r}{\rho^r} \frac{1}{2\pi} \int_0^{2\pi} M d\vartheta, \qquad \text{d. i.} < \frac{\Pi_r}{\rho^r} M$$

sein. Also:

Ist $f(x)$ innerhalb eines um den Punct c mit dem Radius ρ beschriebenen Kreises eindeutig und stetig, und ist M das Maximum ihres Moduls innerhalb des Kreises, so ist jederzeit

$$(9) \qquad mod \frac{\partial^r f(c)}{\partial c^r} < \frac{\Pi_r}{\rho^r} M.$$

Dieser Satz wurde schon von Cauchy aufgestellt).*

Wenn ich die Begründung eines schon bekannten Satzes hier von Neuem dargelegt habe, so ist es nur geschehen, um die unbedingte Zuverlässigkeit desjenigen Fundamentes vor Augen zu führen, auf welches die nachfolgende Untersuchung basirt sein wird.

Sind x, y zwei beliebig gegebene complexe Grössen, also irgend zwei gegebene Puncte auf der zEbene, so sind (Seite 5 und 15) die Bessel'schen Functionen $J^n(x)$, $O^n(y)$ dargestellt durch die Formeln:

$$J^n(x) = \frac{x^n}{N}\left(1 - \frac{x^2}{2\cdot 2n+2} + \frac{x^4}{2\cdot 4\cdot 2n+2\cdot 2n+4} - \cdots\cdots \text{inf.}\right),$$

(10)

$$\epsilon_n O^n(y) = \frac{N}{y^{n+1}}\left(1 + \frac{y^2}{2\cdot 2n-2} + \frac{y^4}{2\cdot 4\cdot 2n-2\cdot 2n-4} + \cdots\cdots \text{fin.}\right).$$

Hier steht N zur Abkürzung für die Zahl $2^n \Pi n$. Die rechte Seite der ersten Formel repräsentirt eine ins Unendliche fortschreitende Reihe, die der zweiten Formel hingegen einen Ausdruck, der bei einem gewissen Gliede abzubrechen ist. Solches soll angedeutet werden durch die zugesetzten inf. und fin.

Mit Rücksicht auf den Satz, dass der Modul der Summe kleiner ist als die Summe der Moduln, ergiebt sich nun aus (10):

$$mod\, J^n(x) < \frac{\alpha^n}{N}\left(1 + \frac{\alpha^2}{2\cdot 2n+2} + \frac{\alpha^4}{2\cdot 4\cdot 2n+2\cdot 2n+4} + \cdots\cdots \text{inf.}\right),$$

(11)

$$mod\, \epsilon_n O^n(y) < \frac{N}{\beta^{n+1}}\left(1 + \frac{\beta^2}{2\cdot 2n-2} + \frac{\beta^4}{2\cdot 4\cdot 2n-2\cdot 2n-4} + \cdots\cdots \text{fin.}\right).$$

*) Briot et Bouquet: Th. des fonctions doubl. périodiques. Paris 1859. Seite 44.

wo α den Modul von x, und β den von y repräsentirt. Die rechten Seiten dieser Formeln werden, wenn man die in den einzelnen Gliedern vorhandenen Nenner verkleinert, noch weiter vergrössert. Um so mehr ist also:

$$\text{(12)} \quad \begin{aligned} mod\ J^n(x) &< \frac{\alpha^n}{N}\left(1 + \frac{\alpha^2}{1} + \frac{\alpha^4}{1\cdot 2} + \frac{\alpha^6}{1\cdot 2\cdot 3} + \cdots\cdots \text{inf.}\right), \\ mod\ \varepsilon_n O^n(y) &< \frac{N}{\beta^{n+1}}\left(1 + \frac{\beta^2}{1} + \frac{\beta^4}{1\cdot 2} + \frac{\beta^6}{1\cdot 2\cdot 3} + \cdots\cdots \text{fin.}\right). \end{aligned}$$

In der zweiten Formel endlich wird der Ausdruck rechts gegenwärtig noch weiter vergrössert werden, wenn man seine Glieder nicht abbrechen, sondern (ebenso wie die in der ersten Formel) ins Unendliche fortlaufen lässt. Hierdurch ergiebt sich:

$$\text{(13)} \quad \begin{aligned} mod\ J^n(x) &< \frac{\alpha^n}{N}\, e^{\alpha\alpha}, \\ mod\ \varepsilon_n O^n(y) &< \frac{N}{\beta^{n+1}}\, e^{\beta\beta}. \end{aligned}$$

Wir beschreiben auf der zEbene um jeden der beiden gegebenen Puncte x, y einen Kreis vom Radius ϱ. Innerhalb des einen Kreises sind alsdann das Maximum und Minimum von $mod\ z$ repräsentirt durch $\alpha + \varrho$ und $\alpha - \varrho$. Desgleichen sind das Maximum und Minimum von $mod\ z$ innerhalb des andern Kreises repräsentirt durch $\beta + \varrho$ und $\beta - \varrho$. Zufolge der Formeln (13) wird daher das Maximum von $mod\ J^n(z)$ innerhalb des um x beschriebenen Kreises kleiner sein als

$$\frac{(\alpha+\varrho)^n}{N}\, e^{(\alpha+\varrho)(\alpha+\varrho)};$$

und andererseits das Maximum von $mod\ \varepsilon_n\ O^n(z)$ innerhalb des um y beschriebenen Kreises kleiner sein als

$$\frac{N}{(\beta-\varrho)^{n+1}}\, e^{(\beta+\varrho)(\beta+\varrho)}.$$

Hieraus aber folgt durch Benutzung des vorangestellten Hülfssatzes (9) augenblicklich:

$$\text{(14)} \quad \begin{aligned} mod\ \frac{\partial^p J^n(x)}{\partial x^p} &< \frac{\Pi_p}{\varrho^p}\,\frac{(\alpha+\varrho)^n}{N}\, e^{(\alpha+\varrho)(\alpha+\varrho)}, \\ mod\ \varepsilon_n \frac{\partial^q O^n(y)}{\partial y^q} &< \frac{\Pi_q}{\varrho^q}\,\frac{N}{(\beta-\varrho)^{n+1}}\, e^{(\beta+\varrho)(\beta+\varrho)}. \end{aligned}$$

Anwendbar ist indessen jener Hülfssatz nur auf Functionen, welche innerhalb des gerade betrachteten Kreises eindeutig und stetig sind. Für die Gültigkeit der ersten Formel (14) resultirt hieraus keinerlei Beschränkung; denn die Function $J^n(z)$ ist auf der zEbene allenthalben eindeutig und stetig (Seite 17). Die Function $O^n(z)$ hingegen ist auf der zEbene unstetig im Puncte 0; die zweite Formel (14) wird demnach nur dann gültig sein, wenn der um y beschriebene Kreis jenen Unstetigkeitspunct 0 nicht in sich enthält.

Bisher waren die Puncte x, y auf der zEbene beliebig gegeben gedacht. Fortan wollen wir annehmen, der Punct x liege dem Anfangspunct 0 näher als der Punct y, also annehmen, dass $mod\ x < mod\ y$, oder (was dasselbe ist) dass

(15) $$\alpha < \beta$$

sei. Gleichzeitig mag der Radius ϱ der um x und y beschriebenen Kreise so gewählt gedacht werden, dass

(16) $$\alpha + \varrho < \beta - \varrho$$

ist, was dadurch zu erreichen ist, dass man ϱ kleiner als $\frac{\beta - \alpha}{2}$ macht.

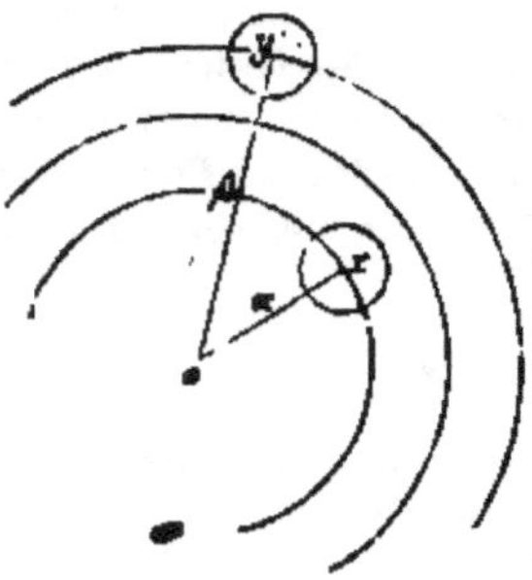

Denken wir uns also durch die Puncte x und z zwei concentrische Kreise gelegt, deren Mittelpunct in 0 liegt, so wird (nach 15) x auf dem kleineren, y auf dem grösseren Kreise liegen. Denken wir uns ferner einen dritten concentrischen Kreis, welcher zwischen jenen beiden liegt, und von jenen gleich weitentfernt ist, so wird dieser dritte Kreis (zufolge 16) von den beiden kleineren Kreisen, welche um x und y mit dem Radius ϱ beschrieben sind, weder geschnitten noch berührt werden. Der kleine Kreis um y kann unter diesen Umständen den Punct 0 nicht in sich enthalten, so dass also der Anwendung der Formeln (14) auf den vorliegenden Fall keinerlei Hinderniss entgegensteht.

Multiplicirt man die beiden Formeln (13) mit einander, und summirt man das so erhaltene Product über die Zahlen

$n = 0, 1, 2, 3, \ldots \infty$, so erhält man:

$$(17) \qquad \sum_{n=0}^{n=\infty} \mathrm{mod}\left(\varepsilon_n J^n(x)\, O^n(y)\right) < e^{\alpha\alpha+\beta\beta}\cdot\sum_{n=0}^{n=\infty} \frac{\alpha^n}{\beta^{n+1}}.$$

Zufolge (15) ist die Reihe rechts convergent, die Reihe links also ebenfalls. Hieraus aber folgt sofort, dass die in (1) zur Untersuchung vorgelegte, mit R^{00} bezeichnete Reihe ebenfalls convergent ist. Denn es ist ein bekannter Satz, dass eine gegebene Reihe jederzeit convergiren muss, wenn feststeht, dass die ihr entsprechende Modulreihe convergirt.

Multiplicirt man ferner die beiden Formeln (14) miteinander, und summirt sodann wieder über $n = 0, 1, 2, 3, \cdots \infty$, so ergiebt sich:

$$(18) \qquad \sum_{n=0}^{n=\infty} \mathrm{mod}\left(\varepsilon_n \frac{\partial^p J^n(x)}{\partial x^p}\,\frac{\partial^q O^n(y)}{\partial y^q}\right)$$

$$< \frac{\Pi_p\, \Pi_q}{\varrho^{p+q}}\, e^{(\alpha+\varrho)(\alpha+\varrho)+(\beta+\varrho)(\beta+\varrho)}\cdot \sum_{n=0}^{n=\infty} \frac{(\alpha+\varrho)^n}{(\beta-\varrho)^{n+1}}.$$

Zufolge (16) ist die Reihe rechts convergent, die Reihe links also ebenfalls. Somit ergiebt sich, dass die in (2) mit R^{pq} bezeichnete Reihe ebenfalls convergent sein muss.

So lange also $\alpha < \beta$, d. i. $\mathrm{mod}\, x < \mathrm{mod}\, y$ ist, sind die Reihen R^{00} und R^{pq} jederzeit convergent, ihre Werthe also stetige Functionen von x, y. Als solche mögen sie bezeichnet werden mit $R^{00}(x, y)$ und $R^{pq}(x, y)$.

Wir betrachten die beiden Functionen:

$$(19) \qquad R^{00}(x, y) = \Sigma\, \varepsilon_n J^n(x)\, O^n(y),$$

$$(20) \qquad R^{10}(x, y) = \Sigma\, \varepsilon_n \frac{\partial J^n(x)}{\partial x}\, O^n(y),$$

immer unter der Voraussetzung, dass $\mathrm{mod}\, x < \mathrm{mod}\, y$ ist. Da $R^{00}(x, y)$ eine stetige Function von x, y ist, so gilt Gleiches auch von ihren Ableitungen, z. B. von

$$(21) \qquad \frac{\partial R^{00}(x, y)}{\partial x}.$$

Sind also x und y gegeben (der Bedingung $\mathrm{mod}\, x < \mathrm{mod}\, y$ entsprechend), so werden die Ausdrücke (19), (20), (21) bestimmte endliche Werthe besitzen.

Aus (19) folgt unmittelbar:

$$(22) \qquad \frac{R^{00}(x+h, y) - R^{00}(x, y)}{h} = \Sigma\, \varepsilon_n \frac{J^n(x+h) - J^n(x)}{h}\, O^n(y),$$

wie klein die Grösse h auch gewählt werden mag. Durch Verkleinerung von h können wir aber den Ausdruck links beliebig nahe an die feste Grenze (21), und den Ausdruck rechts beliebig nahe an die feste Grenze (20) heranbringen. Daraus folgt, dass diese beiden Grenzen untereinander identisch sind, dass also

$$(23) \qquad \frac{\partial R^{00}(x, y)}{\partial x} = R^{10}(x, y)$$

ist. Ebenso wird sich nachweisen lassen, dass

$$(24) \qquad \frac{\partial R^{00}(x, y)}{\partial y} = R^{01}(x, y)$$

sein muss. Und durch weitere Fortsetzung des angegebenen Verfahrens wird man, wie leicht zu übersehen, finden, dass allgemein

$$(25) \qquad \frac{\partial^{p+q} R^{00}(x, y)}{\partial x^p \partial y^q} = R^{pq}(x, y)$$

ist. Die erhaltenen Resultate lassen sich folgendermassen zusammenfassen.

Sind x, y zwei complexe, der Beschränkung $\operatorname{mod} x < \operatorname{mod} y$ unterworfene Variable, und p, q beliebige Zahlen, so sind die Reihen

$$(26) \qquad \begin{gathered} \sum_{n=0}^{n=\infty} \varepsilon_n J^n(x)\, O^n(y), \\ \sum_{n=0}^{n=\infty} \varepsilon_n \frac{\partial^p J^n(x)}{\partial x^p} \frac{\partial^q O^n(y)}{\partial y^q} \end{gathered}$$

jederzeit convergent, ihre Werthe also stetige Functionen von x, y. Von diesen beiden stetigen Functionen kann die letztere dadurch erhalten werden, dass man die erstere $p$mal nach x und $q$mal nach y differenzirt.

§ 12. Fortsetzung. Summation der betrachteten Reihen.

Halten wir nach wie vor an der Beschränkung fest: $\operatorname{mod} x < \operatorname{mod} y$, und setzen wir:

$$(27a.) \qquad f = \sum_{n=0}^{n=\infty} \varepsilon_n J^n(x)\, O^n(y),$$

oder kürzer ausgedrückt:

$$(27b.) \qquad f = \sum_{n=0}^{n=\infty} \varepsilon_n J^n O^n,$$

so wird f eine stetige Function von x, y sein. Gleichzeitig werden alsdann, ebenfalls auf Grund des vorhergehenden Satzes, die Gleichungen stattfinden:

$$(28)\qquad \frac{\partial f}{\partial x} = \sum_{n=0}^{n=\infty} \varepsilon_n O^n \frac{\partial J^n}{\partial x}, \qquad \frac{\partial f}{\partial y} = \sum_{n=0}^{n=\infty} \varepsilon_n J^n \frac{\partial O^n}{\partial y}.$$

Nach den recurrirenden Eigenschaften der Bessel'schen Functionen (Seite 20) und mit Rücksicht auf die eigenthümlichen Werthe der Constanten ε:

$$\varepsilon_0 = 1, \qquad \varepsilon_1 = \varepsilon_2 = \varepsilon_3 = \varepsilon_4 = \cdots\cdots = 2,$$

ist aber

$$(29)\qquad \varepsilon_0 \frac{\partial J^0}{\partial x} = -J^1, \qquad \varepsilon_0 \frac{\partial O^0}{\partial y} = -O^1,$$

und ferner für jedes von 0 verschiedene n:

$$(30)\qquad \varepsilon_n \frac{\partial J^n}{\partial x} = J^{n-1} - J^{n+1}, \qquad \varepsilon_n \frac{\partial O^n}{\partial y} = O^{n-1} - O^{n+1}.$$

Substituirt man diese Werthe (29), (30) in die Formeln (28), so erhält man für $\frac{\partial f}{\partial x}$ die Reihe:

$$-O^0J^1 + O^1(J^0-J^2) + O^2(J^1-J^3) + O^3(J^2-J^4) + \cdots\cdots,$$

und andererseits für $\frac{\partial f}{\partial y}$ die Reihe:

$$-J^0O^1 + J^1(O^0-O^2) + J^2(O^1-O^3) + J^3(O^2-O^4) + \cdots\cdots$$

Diese beiden Reihen bestehen, wie man sofort bemerken wird, aus genau denselben Gliedern, nur mit dem Unterschiede, dass die Anordnung eine etwas verschiedene ist, und dass die Vorzeichen entgegengesetzt sind. Somit ergiebt sich

$$(31)\qquad \frac{\partial f}{\partial x} + \frac{\partial f}{\partial y} = 0.$$

Aus dieser partiellen Differential-Gleichung folgt sofort, dass die Function f nur von dem einen Argument $y - x$ abhängen kann, also zu bezeichnen ist mit $f(y-x)$.

Die Formel (27) kann demnach gegenwärtig so geschrieben werden:

(32) $$f(y-x) = \sum_{n=0}^{n=\infty} \varepsilon_n \, J^n(x) \, O^n(y).$$

Die festgesetzte Beschränkung $mod\ x < mod\ y$ erlaubt, x gleich 0 zu setzen. Nach der Definition der Bessel'schen Functionen (Seite 5) ist aber

$$J^0(0) = 1, \qquad J^1(0) = J^2(0) = J^3(0) = \cdots\cdots = 0.$$

Für den Specialfall $x = 0$ geht unsere Formel (32) demnach über in:

$$f(y) = \varepsilon_0 \, O^0(y),$$

oder, weil $\varepsilon_0 = 1$, und $O^0(y) = \frac{1}{y}$ ist (Seite 14), in:

(33) $$f(y) = \frac{1}{y}.$$

Diese für ein beliebiges y erhaltene Gleichung bleibt richtig, wenn man dem y irgend welche Werthe, z. B. den Werth $y-x$ beilegt. Hierdurch aber ergiebt sich:

(34) $$f(y-x) = \frac{1}{y-x}.$$

Substituirt man diesen für $f(y-x)$ gefundenen Ausdruck in (32), so gelangt man zu folgendem wichtigen Satz:

Sind x, y complexe, der Bedingung $mod\ x < mod\ y$ unterworfene Variable, so kann der Bruch $\frac{1}{y-x}$ in folgende Reihe entwickelt werden:

(35) $$\frac{1}{y-x} = \sum_{n=0}^{n=\infty} \varepsilon_n \, J^n(x) \, O^n(y).$$

Diese Entwicklung wird nämlich, so lange die Bedingung $mod\ x < mod\ y$ erfüllt ist, jederzeit gültig) sein.*

Gleiches gilt von allen denjenigen Entwicklungen, die aus der vorstehenden Formel erhalten werden durch (beliebig oft wiederholtes) Differenziren nach x und y.

Der hier angehängte Zusatz ergiebt sich unmittelbar durch Benutzung des vorhergehenden Satzes (Seite 30).

Aus dem eben erhaltenen Resultat (35) ersehen wir, dass die Functionen O in der That derjenigen Anforderung entsprechen.

*) Siehe die Randbemerkung auf Seite 4.

welche ursprünglich (Seite 9) an sie gestellt wurde, und welche damals auf einem sehr hypothetischen Wege zu ihrer Entdeckung hinleitete.

§ 13. Entwicklung nach Bessel'schen Functionen erster Art.

Auf der zEbene mag ein Kreis beschrieben sein um den Punct O, und $f(z)$ mag eine beliebig gegebene Function sein, welche innerhalb dieses Kreises eindeutig und stetig ist. Bezeichnet man die Randpuncte des Kreises mit z, und irgend einen Punct in seinem Innern mit c, so ist nach der Cauchy'schen Formel (Seite 1):

$$(1)\qquad f(c) = \frac{1}{2\pi i}\int \frac{f(z)\,d(z)}{z-c},$$

die Integration positiv hinerstreckt um den Kreis. Nach dem vorhergehenden Satz und mit Rücksicht darauf, dass $mod\ c < mod\ z$ ist, erhalten wir:

$$(2)\qquad \frac{1}{z-c} = \varepsilon_0\, O^0(z)\, J^0(c) + \varepsilon_1\, O^1(z)\, J^1(c) + \varepsilon_2\, O^2(z)\, J^2(c) + \cdots\cdots$$

Die Bedingung $mod\ c < mod\ z$ wird, weil z ein Punct am Rande des Kreises ist, erfüllt sein, so lange c innerhalb des Kreises bleibt (und nicht etwa hart an den Rand rückt). So lange also c innerhalb des Kreises sich befindet, wird die vorstehende Entwicklung (2) gültig sein.

Substituirt man den durch diese Entwicklung dargebotenen Werth von $\frac{1}{z-c}$ in die Formel (1), so erhält man:

$$(3)\qquad f(c) = \alpha_0\, J^0(c) + \alpha_1\, J^1(c) + \alpha_2\, J^2(c) + \cdots\cdots\cdots,$$

wo die Coefficienten α folgende Werthe haben:

$$(4)\qquad \alpha_n = \frac{\varepsilon_n}{2\pi i}\int f(z)\, O^n(z)\, dz,$$

die Integration positiv hinerstreckt um den gegebenen Kreis.

Dass diese Entwicklung (3) gültig ist, so lange c innerhalb des gegebenen Kreises bleibt, unterliegt keinem Zweifel. Denn die in diesem Falle vorhandene Gültigkeit der Reihe (2) muss sich, wie leicht zu übersehen, übertragen auf die Reihe (3).

Differenzirt man die Formel (3) $p$mal nach c, so ergiebt sich:

$$(5)\qquad \frac{\partial^p f(c)}{\partial c^p} = \alpha_0 \frac{\partial^p J^0(c)}{\partial c^p} + \alpha_1 \frac{\partial^p J^1(c)}{\partial c^p} + \alpha_2 \frac{\partial^p J^2(c)}{\partial c^p} + \cdots\cdots$$

Fraglich ist **indessen**, ob die so erhaltene Entwicklung des p^{ten} Differential-Quotienten von $f(c)$ eine gültige ist.

Die Formeln (1) und (2) können (was bei der einen unmittelbar evident, bei der andern eine Folge des vorhergehenden Satzes ist) beliebig oft nach c differenzirt werden, ohne dadurch in ihrer Gültigkeit beeinträchtigt zu werden. Bei $p$maliger Differentiation ergiebt sich:

$$(6) \qquad \frac{\partial^p f(c)}{\partial c^p} = \frac{\Pi_p}{2\pi i} \int \frac{f(z)\, dz}{(z-c)^{p+1}},$$

$$(7) \qquad \frac{\Pi_p}{(z-c)^{p+1}} = \epsilon_0\, O^0(z) \frac{\partial^p J^0(c)}{\partial c^p} + \epsilon_1\, O^1(z) \frac{\partial^p J^1(c)}{\partial c^p} + \cdots\cdots$$

Hieraus aber folgt, wenn man in der ersten Formel für $\frac{\Pi_p}{(z-c)^{p+1}}$ denjenigen Werth substituirt, welchen die zweite darbietet:

$$(8) \qquad \frac{\partial^p f(c)}{\partial c^p} = \beta_0 \frac{\partial^p J^0(c)}{\partial c^p} + \beta_1 \frac{\partial^p J^1(c)}{\partial c^p} + \cdots\cdots,$$

wo die Coefficienten β folgende Werthe besitzen:

$$(9) \qquad \beta_n = \frac{\epsilon_n}{2\pi i} \int f(z)\, O^n(z)\, dz.$$

Die hier erhaltene Entwicklung (8) bleibt (ebenso wie die Formeln (6), (7), aus welchen sie entsprungen ist) gültig, so lange der Punct c im Innern des gegebenen Kreises liegt. Diese Entwicklung aber ist identisch mit der in (5), denn die Coefficienten β in (9) sind identisch mit den Coefficienten a in (4). Hiermit ist die vorhin angeregte Frage erledigt.

Wir können die Resultate unserer Untersuchung so zusammenfassen (den Buchstaben z ersetzen wir dabei durch c).

Für jede Function $f(z)$, welche innerhalb eines Kreises mit dem Mittelpunct 0 eindeutig und stetig bleibt, existirt eine Entwicklung:

$$(10) \qquad f(z) = a_0\, J^0(z) + a_1\, J^1(z) + a_2\, J^2(z) + \cdots\cdots,$$

welche gültig ist für alle Puncte innerhalb des Kreises.

Die Coefficienten a finden ihre Bestimmung durch die Formel

$$(11) \qquad a_n = \frac{\epsilon_n}{2\pi i} \int f(z)\, O^n(z)\, dz,$$

die Integration positiv hinerstreckt um den Kreis.

Jede solche Entwicklung (10) kann, ohne Beeinträchtigung ihres Gültigkeits-Gebietes, beliebig oft nach z differenzirt werden.

Sobald die Existenz einer gültigen Entwicklung von der Form (10) einmal nachgewiesen ist, kann man übrigens zu den Werthen der Coefficienten a auch dadurch gelangen, dass man die Integral-Eigenschaften der Bessel'schen Functionen (Seite 19) in Anwendung bringt. Dieses Verfahren führt augenblicklich zu den in (11) bereits hingestellten Werthen, führt aber ausserdem (wie leicht zu übersehen ist) noch zu zwei Bemerkungen. Erstens ergiebt sich nämlich, dass die bei Berechnung der a auszuführende Integration (11) hinerstreckt werden kann über eine beliebige geschlossene Curve, welche innerhalb des gegebenen Kreises liegt, und ein den Punct 0 enthaltendes Gebiet umgrenzt. Zweitens ergiebt sich, dass eine Entwicklung von der Form (10) bei jeder gegebenen Function $f(z)$ immer nur auf einerlei Art bewerkstelligt werden kann.

§ 14. Entwicklung nach Differential-Quotienten der Bessel'schen Functionen erster Art.

Es sei wiederum ein Kreis gegeben, der in der z-Ebene um den Punct 0 herumläuft. Ist $f(z)$ oder f innerhalb des Kreises eindeutig und stetig, so repräsentirt das vom Puncte 0 in beliebiger Bahn fortgehende, in seiner Bewegung jedoch auf den gegebenen Kreis beschränkte Integral

$$\varphi = \int_0^z f\,dz$$

eine von z abhängende Function, welche ebenfalls innerhalb des Kreises überall eindeutig und stetig ist*). Nun ist $\frac{\partial\varphi}{\partial z} = f$. Demgemäss können wir uns auch so ausdrücken. Ist f innerhalb des Kreises eindeutig und stetig, so existirt jederzeit eine andere, mit denselben Eigenschaften behaftete Function φ, welche zu f in der Beziehung steht $\frac{\partial\varphi}{\partial z} = f$. Nehmen wir nun φ statt f, so ergiebt sich die Existenz einer dritten mit jenen Eigenschaften behafteten Function ψ, welche zu φ in der Beziehung steht $\frac{\partial\psi}{\partial z} = \varphi$, u. s. w. Demgemäss gelangen wir zu folgendem Satz.

*) Vergl. meine „Vorlesungen über Riemann's Th. der Abelschen Integrale" Seite 335.

Ist die Function $f(z)$ innerhalb des gegebenen Kreises eindeutig und stetig, so existirt jederzeit eine andere mit denselben Eigenschaften behaftete Function $F(z)$, welche zu jener in der Beziehung steht:

(12) $$\frac{\partial^p F(z)}{\partial z^p} = f(z).$$

Durch Anwendung des vorhergehenden Satzes (Seite 34) auf die neue Function $F(z)$ erhalten wir eine Entwicklung

(13) $$F(z) = a_0 J^0(z) + a_1 J^1(z) + a_2 J^2(z) + \cdots\cdots,$$

welche gültig ist für alle Puncte z des gegebenen Kreises, und welche in ihrer Gültigkeit keine Beeinträchtigung erleidet durch beliebig oft wiederholtes Differenziren. Demnach gelangen wir durch $p$malige Differentiation zu einer Formel:

(14) $$f(z) = \frac{\partial^p F(z)}{\partial z^p} = a_0 \frac{\partial^p J^0(z)}{\partial z^p} + a_1 \frac{\partial^p J^1(z)}{\partial z^p} + \cdots\cdots,$$

durch welche die ursprüngliche Function $f(z)$ in gültiger Weise entwickelt wird nach den p^{ten} Differential-Quotienten der Bessel'schen Functionen. Wir haben somit folgenden Satz:

Versteht man unter p eine beliebig gegebene positive ganze Zahl, so wird für jede Function $f(z)$, welche innerhalb eines Kreises mit dem Mittelpunct O eindeutig und stetig bleibt, eine Entwicklung existiren:

(15) $$f(z) = a_0 \frac{\partial^p J^0(z)}{\partial z^p} + a_1 \frac{\partial^p J^1(z)}{\partial z^p} + a_2 \frac{\partial^p J^2(z)}{\partial z^p} + \cdots\cdots,$$

*welche gültig ist für alle Puncte innerhalb des Kreises.**)

§ 15. Entwicklung nach Bessel'schen Functionen erster und zweiter Art.

Auf der zEbene sei gegeben eine ringförmige Fläche, begrenzt von zwei concentrischen Kreisen, deren Mittelpunct in O

*) Auf Grund der Seite 4 angegebenen Sätze, namentlich auch auf Grund des Thomé'schen Satzes, und durch Benutzung einer Methode, die vollständig analog ist der eben angewendeten, gelangt man zu einem ähnlichen Satz in Betreff der Kugelfunctionen, welcher so lautet:

Versteht man unter p eine beliebig gegebene positive ganze Zahl, so wird für jede Function $f(z)$, welche eindeutig und stetig bleibt innerhalb einer Ellipse mit den Brennpuncten $z = \pm 1$, eine Entwicklung existiren:

$$f(z) = a_0 \frac{\partial^p P^0(z)}{\partial z^p} + a_1 \frac{\partial^p P^1(z)}{\partial z^p} + a_2 \frac{\partial^p P^2(z)}{\partial z^p} + \cdots\cdots,$$

welche gültig ist für alle Puncte im Innern der Ellipse, und in welcher die a constante Coefficienten sind.

liegt; ferner sei $f(z)$ eine beliebig gegebene Function, welche auf dieser Fläche überall eindeutig und stetig ist. Ist c irgend ein zu der Fläche gehöriger Punct, so erhalten wir (Seite 1):

$$(1) \qquad f(c) = \frac{1}{2\pi i}\int \frac{f(z)\,dz}{z-c},$$

oder in genauerer Darstellung:

$$(2) \qquad f(c) = \frac{1}{2\pi i}\int_a \frac{f(z)\,dz}{z-c} + \frac{1}{2\pi i}\int_i \frac{f(z)\,dz}{z-c},$$

wo die Integrationen am Rande der Fläche in positiver Richtung hinlaufen, die erste am äussern, die zweite am innern Rande (wie solches angedeutet wird durch die Suffixe a und i). Die Richtungen der beiden Integrationen sind daher (vergl. die Auseinandersetzung auf Seite 1) untereinander entgegengesetzt. Um beide Richtungen untereinander gleichlaufend zu machen, ändern wir bei dem zweiten Integral das Vorzeichen. Diese Aenderung des Vorzeichens bewerkstelligen wir dadurch, dass wir in jenem zweiten Integral den Nenner $z-c$ umändern in $c-z$, und erhalten alsdann:

$$(3) \qquad f(c) = \frac{1}{2\pi i}\int_a \frac{f(z)\,dz}{z-c} + \frac{1}{2\pi i}\int_i \frac{f(z)\,dz}{c-z}.$$

Die erste Integration geht nun nach wie vor am äussern Rande positiv herum; und die zweite am innern Rande ist mit der ersten gleichlaufend. Kürzer ausgedrückt: Beide Integrationen in (3) laufen positiv herum um den Punct 0.*)

Für das erste Integral in (3) ist $mod\, c < mod\, z$, also (zufolge des Satzes Seite 32):

$$(4) \qquad \frac{1}{z-c} = \varepsilon_0\, O^0(z)\, J^0(c) + \varepsilon_1\, O^1(z)\, J^1(c) + \varepsilon_2\, O^2(z)\, J^2(c) + \cdots$$

Für das zweite Integral hingegen ist $mod\, z < mod\, c$, mithin (zufolge eben desselben Satzes):

$$(5) \qquad \frac{1}{c-z} = \varepsilon_0\, J^0(z)\, O^0(c) + \varepsilon_1 J^1(z)\, O^1(c) + \varepsilon_2\, J^2(z)\, O^2(c) + \cdots$$

---

*) Betrachtet man einen Punct als eine unendlich kleine Kreisfläche, so wird eine (in grösserer oder geringerer Entfernung) um den Punct laufende Bewegung positiv genannt, sobald sie in gleichem Sinne stattfindet mit einer positiven Umlaufung jener kleinen Kreisfläche. Vergl. meine „Vorlesungen" Seite 72.

Durch Substitution dieser Entwicklungen (4), (5) in die Formel (3) ergiebt sich:

$$(6)\qquad \begin{aligned} f(c) = \alpha_0 J^0(c) + \alpha_1 J^1(c) + \alpha_2 J^2(c) + \cdots\cdot \\ + \beta_0 O^0(c) + \beta_1 O^1(c) + \beta_2 O^2(c) + \cdots\cdots, \end{aligned}$$

wo die Coefficienten α, β folgende Werthe haben:

$$(7)\qquad \alpha_n = \frac{\epsilon_n}{2\pi i}\int\limits_a f(z)\,O^n(z)\,dz, \qquad \beta_n = \frac{\epsilon_n}{2\pi i}\int\limits_i f(z)\,J^n(z)\,dz,$$

die Integrationen ebenso hinerstreckt, wie bei (3) angegeben.

Die Entwicklungen (4), (5) sind (Satz Seite 32) jederzeit gültig, so lange c im Innern der gegebenen ringförmigen Fläche bleibt (und nicht etwa hart heranrückt an ihren äussern oder innern Rand). Gleiches gilt daher auch von der Entwicklung (6). Ausserdem ist zu bemerken, dass diese Entwicklung (6) bei wiederholter Differentiation nach c in ihrer Gültigkeit nicht beeinträchtigt wird, wie sich solches leicht durch eine Betrachtung erweisen lässt, ähnlich derjenigen auf Seite 34. Wir gelangen somit zu folgendem Satz:

Für jede Function $f(z)$, welche eindeutig und stetig ist auf einer von zwei concentrischen Kreisen mit dem Mittelpunct O begrenzten ringförmigen Fläche existirt eine Entwicklung:

$$(8)\qquad \begin{aligned} f(z) = \alpha_0 J^0(z) + \alpha_1 J^1(z) + \alpha_2 J^2(z) + \cdots\cdots \\ + \beta_0 O^0(z) + \beta_1 O^1(z) + \beta_2 O^2(z) + \cdots\cdots, \end{aligned}$$

welche gültig ist für alle Puncte jener ringförmigen Fläche.

Die Coefficienten α, β finden ihre Bestimmung durch die Formeln:

$$(9)\qquad \alpha_n = \frac{\epsilon_n}{2\pi i}\int\limits_a f(z)\,O^n(z)\,dz, \qquad \beta_n = \frac{\epsilon_n}{2\pi i}\int\limits_i f(z)\,J^n(z)\,dz,$$

wo die Integrationen, am äussern und innern Rande der Fläche hinlaufend, eine positive Bewegung haben um den Punct O.

Jede solche Entwicklung (8) kann, ohne Beeinträchtigung ihres Gültigkeits-Gebietes, beliebig oft nach z differenzirt werden.

Die Formeln (9) sind eigentlich überflüssig. Denn sobald die Existenz der Entwicklung (8) nachgewiesen ist, kann man die in ihr enthaltenen Coefficienten α, β unmittelbar bestimmen durch Anwendung der Integral-Eigenschaften der Bessel'schen Functionen (Seite 19). Bei dieser Methode der Coefficientenbestimmung ergiebt sich, dass die Integrationen in den Formeln (9) nicht nothwendig gebunden sind an die beiden Randcurven, dass sie vielmehr ebensogut auch hinerstreckt werden können über eine beliebige geschlossene Curve, welche innerhalb der gegebenen ringförmigen Fläche liegt und ein den Punct 0 enthaltendes Gebiet umgrenzt. Ferner ergiebt sich aus jener Methode, dass eine gegebene Function $f(z)$ in eine Reihe von der Form (8) immer nur auf einerlei Art entwickelt werden kann.

§ 16. Beispiele für die Entwicklung nach Bessel'schen Functionen erster und zweiter Art.

Eine positive ganze Potenz von z ist auf der zEbene überall stetig, also zufolge des Satzes (Seite 34) darstellbar durch eine nach den $J^n(z)$ fortschreitende Reihe, welche auf der zEbene allenthalben gültig bleibt. Mit Hülfe jenes Satzes gelangt man, was die geraden Potenzen anbetrifft, zu folgenden Resultaten:

$$
\begin{aligned}
1 &= J^0(z) + 2\,J^2(z) + 2\,J^4(z) + 2\,J^6(z) + 2\,J^8(z) + \cdots\cdots, \\
z^2 &= 2\,\Sigma\, nn\, J^n(z), \\
(1)\qquad z^4 &= 2\,\Sigma(n-2)\,nn\,(n+2)\,J^n(z), \\
z^6 &= 2\,\Sigma(n-4)\,(n-2)\,nn\,(n+2)\,(n+4)\,J^n(z), \\
&\cdots\cdots\cdots\cdots\cdots\cdots\cdots\cdots,
\end{aligned}
$$

wo die Summationen Σ hinzuerstrecken sind über die Zahlen $n=0, 2, 4, 6, 8, \cdots \infty$. Andererseits erhält man für die ungeraden Potenzen die Formeln:

$$
\begin{aligned}
z &= 2\,\Sigma\, n\, J^n(z), \\
z^3 &= 2\,\Sigma(n-1)\,n\,(n+1)\,J^n(z), \\
(2)\qquad z^5 &= 2\,\Sigma(n-3)\,(n-1)\,n\,(n+1)\,(n+3)\,J^n(z), \\
z^7 &= 2\,\Sigma(n-5)\,(n-3)\,(n-1)\,n\,(n+1)\,(n+3)\,(n+5)\,J^n(z), \\
&\cdots\cdots\cdots\cdots\cdots\cdots\cdots\cdots,
\end{aligned}
$$

wo die Summationen Σ hinlaufen über $n = 1, 3, 5, 7, \cdots \infty$. Diese Entwicklungen (1) und (2) sind also gültig für jeden beliebigen Werth von z, gültig für sämmtliche Puncte der zEbene.*)

Eine negative ganze Potenz von z ist auf der zEbene überall

*) Die erste der Formeln (1) und die erste der Formeln (2) sind identisch mit den auf Seite 7 gefundenen Formeln (6. *a*, *b*).

stetig, ausser im Puncte 0, und muss daher (zufolge des Satzes Seite 38) darstellbar sein durch eine nach den $J^n(z)$ und $O^n(z)$ fortschreitende Doppelreihe, und zwar durch eine Doppelreihe, welche auf der z-Ebene, mit Ausnahme des Punktes 0, überall gültig bleibt. Bestimmt man die Coefficienten dieser Reihe durch die (Seite 38) gegebenen Formeln, so findet man, dass die Coefficienten der $J^n(z)$ sämmtlich verschwinden, und dass andererseits die Coefficienten der $O^n(z)$ nur bis zu einem gewissen Range hin Werthe besitzen, später aber ebenfalls verschwinden. Man erhält daher für jede negative ganze Potenz von z ein gewisses aus den $O^n(z)$ zusammengesetztes Aggregat. Setzt man zur Abkürzung

$$(3)\qquad \frac{(-1)^p}{2^{p+q}\,\Pi_p\,\Pi_q} = C_{pq},$$

so ergeben sich für die geraden Potenzen folgende Formeln:

$$
(4)\qquad
\begin{aligned}
z^{-2} &= 2C_{01}\,O^1(z),\\
z^{-4} &= 2C_{12}\,O^1(z) + 2C_{03}\,O^3(z),\\
z^{-6} &= 2C_{23}\,O^1(z) + 2C_{14}\,O^3(z) + 2C_{05}\,O^5(z),\\
z^{-8} &= 2C_{34}\,O^1(z) + 2C_{25}\,O^3(z) + 2C_{16}\,O^5(z) + 2C_{07}\,O^7(z),\\
&\cdots\cdots\cdots\cdots\cdots\cdots
\end{aligned}
$$

Andererseits findet man für die ungeraden Potenzen:

$$
(5)\qquad
\begin{aligned}
z^{-1} &= C_{00}\,O^0(z),\\
z^{-3} &= C_{11}\,O^0(z) + 2C_{02}\,O^2(z),\\
z^{-5} &= C_{22}\,O^0(z) + 2C_{13}\,O^2(z) + 2C_{04}\,O^4(z),\\
z^{-7} &= C_{33}\,O^0(z) + 2C_{24}\,O^2(z) + 2C_{15}\,O^4(z) + 2C_{06}\,O^6(z),\\
&\cdots\cdots\cdots\cdots\cdots\cdots
\end{aligned}
$$

Am leichtesten gelangt man übrigens zu diesen Darstellungen (4), (5) dadurch, dass man ausgeht von der (Seite 32 gefundenen) Entwicklung:

$$\frac{1}{z-c} = \sum_{n=0}^{n=\infty} \varepsilon_n\, J^n(c)\, O^n(z),$$

welche gültig bleibt, so lange $\mathrm{mod}\; c < \mathrm{mod}\; z$ ist. Differenzirt man diese Formel wiederholt nach c, und setzt dann jedesmal $c=0$, so erhält man successive die Werthe von z^{-1}, z^{-2}, z^{-3}, z^{-4}, ...

Als weitere Beispiele für die Entwicklung nach Bessel'schen Functionen mögen noch folgende Formeln angeführt werden:

$$
(6)\qquad
\begin{aligned}
\cos z &= J^0(z) - 2J^2(z) + 2J^4(z) - 2J^6(z) + \cdots\cdots,\\
\sin z &= 2J^1(z) - 2J^3(z) + 2J^5(z) - 2J^7(z) + \cdots\cdots,\\
J^0(c+z) &= J^0(c)\,J^0(z) - 2J^1(c)\,J^1(z) + 2J^2(c)\,J^2(z) -\\
&\quad - 2J^3(c)\,J^3(z) + \cdots\cdots,
\end{aligned}
$$

wo in der letzten c eine beliebige Grösse repräsentirt. Diese Entwicklungen (6) sind gültig für beliebige Werthe von z, also gültig für sämmtliche Puncte der zEbene.

Dritter Abschnitt.

Die Bessel'sche Differentialgleichung.

§ 17. Die zur Bessel'schen Function J^0 complementäre Function Y^0.

Die Function $J^0(z)$ oder J^0 ist (Seite 5) eine particuläre Lösung der Gleichung

(1) $$[F] = \frac{\partial^2 F}{\partial z^2} + \frac{1}{z}\frac{\partial F}{\partial z} + F = 0,$$

deren linke Seite zur Abkürzung bezeichnet sein mag mit $[F]$.

Es sei $Y^0(z)$ oder Y^0 die andere particuläre Lösung dieser Gleichung. Um Y^0 zu finden, setzen wir nach bekannter Methode:

(2) $$Y^0 = J^0 U,$$

und erhalten dann für U die Gleichung:

$$\left(\frac{1}{z} + \frac{2}{J^0}\frac{\partial J^0}{\partial z}\right)\frac{\partial U}{\partial z} + \frac{\partial^2 U}{\partial z^2} = 0.$$

Hieraus folgt, wenn man mit $\frac{\partial U}{\partial z}$ dividirt und integrirt:

$$\log z + 2\log J^0 + \log\frac{\partial U}{\partial z} = \text{Const.}$$

oder:

$$z J^0 J^0 \frac{\partial U}{\partial z} = e^{\text{Const.}},$$

oder, wenn man die willkührliche Const. gleich 0 nimmt:

$$\frac{\partial U}{\partial z} = \frac{1}{z J^0 J^0}.$$

U selber ist daher dargestellt durch das unbestimmte Integral:

$$U = \int \frac{dz}{z J^0 J^0}.$$

Substituirt man diesen Werth in (2), so erhält man die gesuchte zweite particuläre Lösung

$$(3)\qquad Y^0 = J^0 \int_0^z \frac{dz}{z J^0 J^0}$$

Nun ist (Seite 5):

$$(4)\qquad J^0 = 1 - \frac{z^2}{2 \cdot 2} + \frac{z^4}{2 \cdot 4 \cdot 2 \cdot 4} - \frac{z^6}{2 \cdot 4 \cdot 6 \cdot 2 \cdot 4 \cdot 6} + \cdots\cdots$$

Hieraus folgt:

$$(5)\qquad \frac{1}{z J^0 J^0} = \frac{1}{z}\left(1 + Az^2 + Bz^4 + Cz^6 + \cdots\cdots\right),$$

wo A, B, C, $\cdots\cdot$ Zahlen sind, die sich bei einiger Geduld leicht berechnen lassen, indessen kein sehr einfaches Gesetz befolgen. Substituiren wir den Werth (5) in die Formel (3), so erhalten wir:

$$(6.a)\qquad Y^0 = J^0 \log z + J^0 \left(A\frac{z^2}{2} + B\frac{z^4}{4} + C\frac{z^6}{6} + \cdots\cdots\right),$$

oder, wenn wir den zweiten Theil dieses Ausdrucks mit E^0 bezeichnen:

$$(6.b)\qquad Y^0 = J^0 \log z + E^0.$$

E^0 ist das Product zweier unendlichen Reihen, deren eine J^0 selber ist. Jede von diesen Reihen läuft fort nach positiven ganzen Potenzen von z. Demnach steht zu vermuthen, dass E^0 eine Function sein werde, welche auf der z-Ebene eindeutig und stetig ist*). Ist solches der Fall, so muss E^0 entwickelbar sein in eine nach den $J^n(z)$ fortschreitende Reihe (zufolge des Satzes Seite 34). Auch werden alsdann in dieser Entwicklung nur die geraden $J^n(z)$ vorkommen können, weil jede der beiden Reihen, aus denen E^0 besteht, nur gerade Potenzen von z enthält.

So werden wir dahin geführt, für die zweite particuläre Lösung Y^0 folgenden Ansatz zu versuchen:

$$(7)\qquad Y^0 = J^0 \log z + \alpha J^0 + \beta J^2 + \gamma J^4 + \delta J^6 + \cdots\cdots$$

Zu untersuchen ist also, ob die α, β, γ, δ, $\cdots\cdot$ der Art bestimmt werden können, dass diese Reihe der Differentialgleichung (1) Genüge leistet, und zweitens, ob die so entstehende Reihe brauchbar, d. h. convergent ist.

*) Mit Bestimmtheit lässt sich hierüber einstweilen noch nicht urtheilen, weil wir mit der Natur der einen in E^0 als Factor auftretenden Reihe unbekannt sind, und nicht wissen, ob dieselbe convergirt, oder auf welches Gebiet ihre Convergenz beschränkt ist.

Bildet man den in (1) angegebenen Ausdruck

(8) $$[F] = \frac{\partial^2 F}{\partial z^2} + \frac{1}{z}\frac{\partial F}{\partial z} + F$$

für die Function $F = J^0 \log z$, und beachtet man dabei, dass J^0 selber der Gleichung (1), d. i. der Gleichung $[J^0] = 0$ Genüge leistet, so erhält man:

(9) $$[J^0 \log z] = \frac{2}{z}\frac{\partial J^0}{\partial z}.$$

Um ferner jenen Ausdruck $[F]$ für die Function $F = J^n$ zu erhalten, bemerken wir, dass diese Function (nach Seite 5) Genüge leistet der Differential-Gleichung:

$$\frac{\partial^2 J^n}{\partial z^2} + \frac{1}{z}\frac{\partial J^n}{\partial z} + J^n = \frac{n^2}{z^2} J^n.$$

Die linke Seite dieser Gleichung ist aber identisch mit $[J^n]$. Wir erhalten daher:

(10) $$[J^n] = \frac{n^2}{z^2} J^n.$$

Hieraus folgt für $n = 0$:

(11.a) $$[J^0] = 0,$$

und andererseits für $n > 0$, mit Rücksicht auf die recurrirenden Formeln (Seite 22):

(11.b) $$[J^n] = \frac{n}{2z}(J^{n-1} + J^{n+1}).$$

Endlich ergiebt sich aus (9), mit Rücksicht auf die Differential-Formeln (Seite 20):

(11.c) $$[J^0 \log. z] = -\frac{2}{z} J^1.$$

Zufolge unseres Ansatzes (7) ist

(12) $$[Y^0] = [J^0 \log z] + \alpha[J^0] + \beta[J^2] + \gamma[J^4] + \delta[J^6] + \cdots\cdots,$$

also mit Benutzung der in (11.a, b, c) gefundenen Resultate:

(13) $$\begin{aligned}[Y^0] = -\frac{2}{z} J^1 &+ \frac{\beta}{z}(J^1 + J^3) \\ &+ \frac{2\gamma}{z}(J^3 + J^5) \\ &+ \frac{3\delta}{z}(J^5 + J^7) \\ &+ \frac{4\varepsilon}{z}(J^7 + J^9) \\ &+ \cdots\cdots\cdots\cdots\end{aligned}$$

Soll nun Y^0 eine particuläre Lösung der Differential-Gleichung (1) sein, also Genüge leisten der Gleichung $[Y^0] = 0$, so muss der vorstehende Ausdruck verschwinden. Solches aber geschieht in der That, sobald man die Coefficienten $\beta, \gamma, \delta, \varepsilon, \ldots$ den Relationen

$$-2+\beta=0, \quad 1\cdot\beta+2\gamma=0, \quad 2\gamma+3\delta=0, \quad 3\delta+4\varepsilon=0, \quad \text{etc. etc.}$$

unterwirft, d. i. sobald man für jene Coefficienten folgende Werthe wählt:

(14) $$2 = +\beta = -2\gamma = +3\delta = -4\varepsilon = +5\zeta = \cdots\cdots\cdots$$

Substituirt man diese Werthe (14) in (7), so wird:

(15) $$Y^0 = J^0 \log z + \alpha J^0 + 2\left(\frac{1}{1} J^2 - \frac{1}{2} J^4 + \frac{1}{3} J^6 - \frac{1}{4} J^8 + \cdots\cdots\right).$$

So haben wir für die zweite particuläre Lösung der vorgelegten Differential-Gleichung (1), durch Benutzung der Functionen J^n, eine nach einfachem Gesetz fortschreitende Reihe gefunden. Dass diese Reihe stets (und zwar ziemlich stark) convergirt, unterliegt keinem Zweifel. Um sich davon zu überzeugen braucht man nur einen Blick auf die früher für $z, z^2, z^3, \ldots$ gefundenen Entwicklungen (Seite 39) zu werfen, die nicht abnehmende, sondern wachsende Zahlencoefficienten enthalten, und (wie strenge bewiesen ist) trotzdem convergent sind.

In dem für Y^0 erhaltenen Werth (15) ist der Coefficient α willkührlich geblieben, was *a priori* zu erwarten stand, weil die mit α multiplicirte Function J^0 schon an und für sich eine Lösung der gegebenen Differential-Gleichung ist. Der Einfachheit willen setzen wir $\alpha = 0$. Das so erhaltene Resultat mag, mit Rücksicht auf unsere ferneren Untersuchungen, folgendermassen formulirt werden.

Die beiden particulären Lösungen der Differential-Gleichung

(16) $$\frac{\partial^2 F}{\partial z^2} + \frac{1}{z}\frac{\partial F}{\partial z} + F = 0,$$

sind dargestellt durch die Bessel'sche Function J^0, und durch eine gewisse andere Function Y^0. Diese letztere wird repräsentirt durch das Aggregat:

(17) $$Y^0 = L^0 + E^0,$$

wo L^0 und E^0 folgende Bedeutungen haben:

$$L^0 = J^0 \log z,$$

(18)

$$E^0 = 2\left(\frac{1}{1} J^2 - \frac{1}{2} J^4 + \frac{1}{3} J^6 - \frac{1}{4} J^8 + \frac{1}{5} J^{10} - \dots\right).$$

E^0 ist hier dargestellt durch eine stets convergente Reihe, und ist daher eine Function von z, welche auf der z-Ebene allenthalben eindeutig und stetig bleibt.)*

Die **vollständige** Lösung der Differential-Gleichung (16) wird lauten

$$AJ^0 + BY^0,$$

wo A, B willkührliche Constanten sind.

§ 18. Die Function Y^0 ausgedrückt durch ein bestimmtes Integral.

Für ein gerades n, also für $n = 2p$ haben wir (Seite 6) gefunden:

(19) $$J^{2p} = \int_0^\pi \frac{\cos(z \sin \omega)}{\pi} \cos 2p\omega \, d\omega.$$

Substituiren wir diese Werthe der Functionen J^{2p} in die für E^0 gefundene Reihe (18):

(20) $$E^0 = -\sum_{p=1}^{p=\infty} \frac{2(-1)^p}{p} J^{2p},$$

so erhalten wir:

(21) $$E^0 = \int_0^\pi \left(\frac{\cos(z \sin \omega)}{-\pi} \sum_{p=1}^{p=\infty} \frac{2(-1)^p \cos 2p\omega}{p}\right) d\omega,$$

oder, was dasselbe ist:

(22) $$E^0 = \lim_{\alpha=1} \int_0^\pi \left(\frac{\cos(z \sin \omega)}{-\pi} \sum_{p=1}^{p=\infty} \frac{2(-\alpha)^p \cos 2p\omega}{p}\right) d\omega.$$

---

*) Zu bemerken ist, dass L^0 und E^0 den Gleichungen

$$\frac{\partial^2 F}{\partial z^2} + \frac{1}{z}\frac{\partial F}{\partial z} + F = \pm \frac{2}{z} J^1(z)$$

Genüge leisten, wo das obere Zeichen zu nehmen ist bei E^0, das untere bei L^0.

Nun ist bekanntlich:

(23) $\log(1+2\alpha\cos 2\omega+\alpha^2) = \log(1+\alpha e^{2i\omega}) + \log(1+\alpha e^{-2i\omega}),$

$$= -\sum_{p=1}^{p=\infty} \frac{2(-\alpha)^p \cos 2p\omega}{p}.$$

Durch Benutzung dieser Formel können wir dem Werthe von E^0 (22) folgende Gestalt geben:

(24) $$E^0 = \lim_{\alpha=1} \int_0^\pi \frac{\cos(z\sin\omega)}{\pi} \log(1+2\alpha\cos 2\omega+\alpha^2)\, d\omega,$$

oder, wenn wir die Operation lim. wirklich ausführen:

(25) $$E^0 = \int_0^\pi \frac{\cos(z\sin\omega)}{\pi} \log(4\cos^2\omega)\, d\omega.$$

Nun ist nach (18):

$$L^0 = J^0 \log z,$$

oder wenn J^0 durch das bestimmte Integral (19) ausgedrückt wird:

(26) $$L^0 = \int_0^\pi \frac{\cos(z\sin\omega)}{\pi} \log z\, d\omega.$$

Es ist aber $Y^0 = L^0 + E^0$. Durch Addition der Formeln (25), (26) ergiebt sich daher für Y^0 folgender Werth:

(27) $$Y^0 = \frac{1}{\pi} \int_0^\pi \cos(z\sin\omega) \log(4z\cos^2\omega)\, d\omega.$$

Andererseits ist nach (19):

(28) $$J^0 = \frac{1}{\pi} \int_0^\pi \cos(z\sin\omega)\, d\omega;$$

Die vollständige Lösung der Gleichung (16) ist.

$$F = AJ^0 + BY^0,$$

wo A, B willkührliche Constanten sind, und nimmt daher bei Einsetzung der Werthe (27), (28) folgende Form an:

(29) $$F = \frac{1}{\pi} \int_0^\pi \cos(z\sin\omega)\Big(A + B\log(4z\cos^2\omega)\Big)\, d\omega.$$

Führt man statt A, B andere willkührliche Constanten C, D ein, indem man setzt:

$$\frac{A + B \log 4}{\pi} = C, \qquad \frac{B}{\pi} = D$$

so ergiebt sich:

$$(30) \qquad F = \int_0^\pi \cos(z \sin\omega) \left(C + D \log(z \cos^2\omega) \right) d\omega.$$

Somit haben wir in (27), (28) *und* (30) *die beiden particulären und die vollständige Lösung der Differential-Gleichung* (16) *in Form bestimmter Integrale ausgedrückt.*

Zu der Formel (30) für die vollständige Lösung kann man übrigens auch gelangen durch Benutzung einer Untersuchung von Poisson.

Poisson hat*) für die partielle Differential-Gleichung

$$(31) \qquad \frac{\partial^2 u}{\partial t^2} = a^2 \left(\frac{\partial^2 u}{\partial z^2} + \frac{1}{z} \frac{\partial u}{\partial z} \right),$$

in welcher t, z die unabhängigen Variablen sind, und a eine gegebene Constante ist, folgende Lösung gefunden:

$$(32) \quad u = \int_0^\pi \Big(f(z \cos\omega + at) + F(z \cos\omega + at) \log(z \sin^2\omega) \Big) d\omega,$$

wo f, F willkührliche Functionen sind. Nimmt man für diese Functionen die Function Cosinus, multiplicirt mit willkührlichen Constanten C, D, setzt man also (für ein beliebiges Argument x):

$$f(x) = C \cos x, \qquad F(x) = D \cos x,$$

so erhält man an Stelle von u folgende besondere Lösung:

$$U_1 = \int_0^\pi \cos(z \cos\omega + at) \left(C + D \log(z \sin^2\omega) \right) d\omega.$$

Da die Gleichung (31) nur das Quadrat von a enthält, so muss derselben auch dann Genüge geschehen, wenn man in U_1 die Constante a mit $-a$ vertauscht. Bezeichnet man die so entstehende Lösung mit U_2, so ist:

$$U_2 = \int_0^\pi \cos(z \cos\omega - at) \left(C + D \log(z \sin^2\omega) \right) d\omega.$$

---

*) Journal de l'école polytechnique. Cahier 19, Seite 227. Auch auf Seite 476 finden sich hierher gehörige Bemerkungen, die unsern Gegenstand sogar noch näher betreffen, die leider aber mit sehr störenden Druckfehlern behaftet sind.

Da nun aber U_1 und U_2 Lösungen der vorgelegten Differential-Gleichung sind, so ist offenbar $\frac{1}{2}(U_1 + U_2)$ ebenfalls eine Lösung derselben. Bezeichnet man diese letztere mit U, so wird

$$(33)\qquad U = \cos(at).\int_0^\pi \cos(z\cos\omega)\Big(C + D\log(z\sin^2\omega)\Big)\,d\omega,$$

eine Formel, welche zur augenblicklichen Abkürzung so geschrieben werden mag:

$$(33.a)\qquad U = \cos(at).\int_0^\pi \psi(\omega)\,d\omega.$$

Die Function $\psi(\omega)$ besitzt auf der Kreisperipherie (d. i. für die zwischen 0 und 2π liegenden Argumente ω) eine Werthenreihe, welche, den vier Kreisquadranten entsprechend, aus vier congruenten Abschnitten besteht. Sie verhält sich in dieser Hinsicht ebenso wie etwa die Function $\cos^2\omega$. Demzufolge hat das Integral $\int\psi(\omega)\,d\omega$, mag man nun die Integration über die beiden ersten Quadranten, oder mag man sie über den zweiten und dritten Quadranten hinerstrecken, in beiden Fällen ein und denselben Werth. D. h. es ist:

$$\int_0^\pi \psi(\omega)\,d\omega = \int_0^\pi \psi\Big(\frac{\pi}{2} + \omega\Big)\,d\omega.$$

Hierdurch geht die Formel (33.a) über in

$$U = \cos(at).\int_0^\pi \psi\Big(\frac{\pi}{2} + \omega\Big)\,d\omega,$$

d. i., wenn man die eigentliche Bedeutung von ψ restituirt:

$$(34)\qquad U = \cos(at).\int_0^\pi \cos(z\sin\omega)\Big(C + D\log(z\cos^2\omega)\Big)\,d\omega.$$

Dieser Ausdruck U leistet also der Gleichung (31) Genüge. Substituirt man denselben in jene Gleichung, so zeigt sich, dass der mit $\cos(at)$ multiplicirte Factor:

$$(35)\qquad V = \int_0^\pi \cos(z\sin\omega)\Big(C + D\log(z\cos^2\omega)\Big)\,d\omega$$

Genüge leistet der Gleichung:

$$(36)\qquad \frac{\partial^2 V}{\partial z^2} + \frac{1}{z}\frac{\partial V}{\partial z} + V = 0.$$

Jenes V ist aber behaftet mit zwei willkührlichen Constanten C, D, und ist daher die vollständige Lösung dieser Gleichung, oder (was dasselbe) die vollständige Lösung der Gleichung (16). So sind wir hier zu genau demselben Resultat gelangt, wie vorhin in (30) auf ganz anderm Wege.

§ 10. Die Functionen J^0 und Y^0 für sehr grosse Argumente.

Die Differential-Gleichung

$$(37)\qquad \frac{\partial^2 F}{\partial z^2} + \frac{1}{z}\frac{\partial F}{\partial z} + F = 0,$$

deren particuläre Lösungen $J^0(z)$ und $Y^0(z)$ sind, kann (wie leicht zu übersehen) auch so dargestellt werden:

$$(37.a)\qquad \frac{\partial^2 (F\sqrt{z})}{\partial z^2} + \left(1 + \frac{1}{4z^2}\right) F\sqrt{z} = 0.$$

Sie wird daher, falls z äusserst gross wird (mithin $\frac{1}{4z^2}$ gegen 1 vernachlässigt werden kann), übergehen in:

$$\frac{\partial^2 (F\sqrt{z})}{\partial z^2} + F\sqrt{z} = 0.$$

Daraus folgt, dass jede der Differential-Gleichung (37) genügende Function F für den Fall eines äusserst grossen z dargestellt sein wird durch die Formel:

$$F\sqrt{z} = \alpha \cos z + \beta \sin z,$$

oder:

$$(38)\qquad F = \frac{\alpha \cos z + \beta \sin z}{\sqrt{z}},$$

wo α, β Constante sind. Solches muss also z. B. auch stattfinden bei den Functionen $J^0(z)$, $Y^0(z)$. Also:

Für ein äusserst grosses z sind die Werthe der Functionen $J^0(z)$, $Y^0(z)$ dargestellt durch die Formeln:

$$(39)\qquad \begin{aligned} J^0(z) &= \frac{A \cos z + B \sin z}{\sqrt{z}}, \\ Y^0(z) &= \frac{C \cos z + D \sin z}{\sqrt{z}}, \end{aligned}$$

*wo A, B, C, D Constante sind.**) *Die Functionen $J^0(z)$, $Y^0(z)$ verschwinden daher, sobald man ihnen ein* reelles *Argument zuertheilt, und dieses ins Unendliche anwachsen lässt.*

Für $J^n(z)$, $(Y^n z)$ ergeben sich analoge Formeln, von denen in (39) nur verschieden durch andere Werthe der Constanten A, B, C, D.

§ 20. Die zur Bessel'schen Function J^n complementäre Function Y^n.

Es mögen F und G zwei Functionen von z vorstellen, welche den Differential-Gleichungen

(1) $$\frac{\partial^2 F}{\partial z^2} + \frac{1}{z}\frac{\partial F}{\partial z} + F = \frac{n^2}{z^2} F,$$

(2) $$\frac{\partial^2 G}{\partial z^2} + \frac{1}{z}\frac{\partial G}{\partial z} + G = \frac{(n+1)^2}{z^2} G$$

Genüge leisten sollen. Wir werden zunächst ein einfaches Verfahren angeben, um G zu ermitteln, falls F bekannt sein sollte.

Durch die Substitutionen:

(3) $$F = z^n \mathfrak{F},$$

(4) $$G = z^{n+1} \mathfrak{G}$$

ergeben sich für die adjungirten Functionen $\mathfrak{F}$ und $\mathfrak{G}$ folgende einfachere Gleichungen:

(5) $$\frac{\partial^2 \mathfrak{F}}{\partial z^2} + \frac{2n+1}{z}\frac{\partial \mathfrak{F}}{\partial z} + \mathfrak{F} = 0,$$

(6) $$\frac{\partial^2 \mathfrak{G}}{\partial z^2} + \frac{2n+3}{z}\frac{\partial \mathfrak{G}}{\partial z} + \mathfrak{G} = 0.$$

Die Gleichung (5) geht, wenn man sie nach z differenzirt, über in:

(5.a) $$\frac{\partial^3 \mathfrak{F}}{\partial z^3} + \frac{2n+1}{z}\frac{\partial^2 \mathfrak{F}}{\partial z^2} + \frac{\partial \mathfrak{F}}{\partial z} = \frac{2n+1}{z^2}\frac{\partial \mathfrak{F}}{\partial z}.$$

Andererseits kann die Gleichung (6) in die Form versetzt werden:

(6.a) $$\frac{\partial^2 (z\mathfrak{G})}{\partial z^2} + \frac{2n+1}{z}\frac{\partial (z\mathfrak{G})}{\partial z} + (z\mathfrak{G}) = \frac{2n+1}{z^2}(z\mathfrak{G}).$$

Ein Blick auf die Gleichungen (5.a) und (6.a) zeigt, dass eine der letztern genügende Function $\mathfrak{G}$ sofort gefunden werden kann, sobald eine der ersteren genügende Function $\mathfrak{F}$ bekannt

*) Die Constanten A und B sind von Poisson (Journal de l'école polyt. Cahier 19, Seite 352) bestimmt worden. Es ist $A = B = \frac{1}{\sqrt{\pi}}$.

ist, zeigt nämlich, dass man zu diesem Zweck nur $z\,\mathfrak{G} = \frac{\partial \mathfrak{F}}{\partial z}$, oder allgemeiner

(7) $$z\,\mathfrak{G} = K\,\frac{\partial \mathfrak{F}}{\partial z}$$

zu machen braucht, wo K eine beliebige Constante sein kann. Wir können z. B. $K = -1$ setzen, und haben dann die Formel:

(8) $$\mathfrak{G} = -\frac{1}{z}\,\frac{\partial \mathfrak{F}}{\partial z}.$$

Dieser Zusammenhang zwischen den adjungirten Functionen $\mathfrak{F}$, $\mathfrak{G}$ überträgt sich unmittelbar auf die primitiven Functionen F, G. Ersetzt man nämlich die in (3), (4) eingeführten Functionen $\mathfrak{F}$ und $\mathfrak{G}$ durch ihre eigentlichen Bedeutungen:

$$\mathfrak{F} = z^{-n} \,.\, F,$$
$$\mathfrak{G} = z^{-(n+1)} \,.\, G,$$

so verwandelt sich die Formel (8) in:

(9) $$G = -\,z^n\,\frac{\partial}{\partial z}\left(z^{-n}F\right),$$

oder, was dasselbe ist, in:

(10) $$G = \frac{n}{z}\,F - \frac{\partial F}{\partial z}.$$

Vermittelst dieser Formel ist man also eine Lösung G der Gleichung (2) augenblicklich anzugeben im Stande, sobald eine Lösung F der Gleichung (1) bekannt ist.

Jenen Gleichungen (1), (2) wird (vergl. Seite 5) genügt durch die Bessel'schen Functionen J^n, J^{n+1}. Und zwischen diesen beiden Functionen findet der in (10) angegebene Zusammenhang in der That statt; denn nach früher besprochenen Eigenschaften (Seite 22) ist

(11) $$J^{n+1} = \frac{n}{z}\,J^n - \frac{\partial J^n}{\partial z}.$$

Bezeichnen wir die beiden andern particulären Lösungen der Gleichungen (1), (2) mit Y^n, Y^{n+1}, so können wir Y^{n+1} aus Y^n ebenfalls durch Anwendung der Formel (10) ableiten. Der Zusammenhang zwischen Y^n und Y^{n+1} wird alsdann ausgedrückt sein durch die Formel

(12) $$Y^{n+1} = \frac{n}{z}\,Y^n - \frac{\partial Y^n}{\partial z},$$

also genau derselbe sein, wie der zwischen J^n und J^{n+1}.

Von dem Werthe der Function Y^0 (Seite 44) ausgehend, kann man nach dieser Formel (12) successive Y^1, Y^2, Y^3, ... Y^n berechnen. In solcher Weise gelangt man (allerdings auf etwas beschwerlichem Wege) zu folgenden Formeln:

$$(13)\quad \begin{cases} Y^0 = L^0 + E^0, \\ Y^1 = L^1 + E^1, \\ \cdots\cdots\cdots\cdots \\ Y^n = L^n + E^n. \end{cases}$$

$$(14)\quad \begin{cases} L^0 = J^0 \log z, \\ L^1 = -\dfrac{J^0}{z} + J^1 \log z, \\ \cdots\cdots\cdots\cdots\cdots\cdots \\ L^n = -\dfrac{\Pi n}{2}\left\{\dfrac{2^n}{n\,\Pi 0}\dfrac{J^0}{z^n} + \dfrac{2^{n-1}}{(n-1)\,\Pi 1}\dfrac{J^1}{z^{n-1}} + \dfrac{2^{n-2}}{(n-2)\,\Pi 2}\dfrac{J^2}{z^{n-2}} + \right. \\ \qquad\qquad \left. \cdots\cdots + \dfrac{2}{1\,\Pi(n-1)}\dfrac{J^{n-1}}{z}\right\} + J^n \log z. \end{cases}$$

$$(15)\quad \begin{cases} E^0 = -k_0 J^0 + 4\left\{\dfrac{2J^2}{2\cdot 2} - \dfrac{4J^4}{4\cdot 4} + \dfrac{6J^6}{6\cdot 6} - \dfrac{8J^8}{8\cdot 8} + \cdots\cdots \text{inf.}\right\}, \\ E^1 = -k_1 J^1 + 4\left\{\dfrac{3J^3}{2\cdot 4} - \dfrac{5J^5}{4\cdot 6} + \dfrac{7J^7}{6\cdot 8} - \dfrac{9J^9}{8\cdot 10} + \cdots\cdots \text{inf.}\right\}, \\ \cdots\cdots\cdots\cdots\cdots\cdots\cdots\cdots \\ E^n = -k_n J^n + 4\left\{\dfrac{(n+2)J^{n+2}}{2(2n+2)} - \dfrac{(n+4)J^{n+4}}{4(2n+4)} + \dfrac{(n+6)J^{n+6}}{6(2n+6)} \right. \\ \qquad\qquad \left. - \cdots\cdots \text{inf.}\right\}. \end{cases}$$

In (15) sind dabei unter den k folgende Constanten zu verstehen:
$k_0 = 0$, $k_1 = 1$, $k_2 = 1 + \frac{1}{2}$, $k_3 = 1 + \frac{1}{2} + \frac{1}{3}$, u. s. w., nämlich allgemein:

$$k_n = 1 + \frac{1}{2} + \frac{1}{3} + \frac{1}{4} + \frac{1}{5} + \cdots\cdots + \frac{1}{n}.$$

Bei dieser Berechnung sind die Y^n von Y^0 aus definirt durch die Formel (12). Aehnlich verhält es sich dabei mit den Functionen L^n, E^n in Bezug auf L^0, E^0. Also:

Ebenso wie die Bessel'schen Functionen J^n von ihrer Anfangsfunction J^0 aus definirt werden können durch die Formel:

$$(16.a)\qquad J^{n+1} = \frac{n}{z} J^n - \frac{\partial J^n}{\partial z}.$$

ebenso mögen die Functionen Y^n, L^n, E^n von ihren früher (Seite 44) festgesetzten Anfangsfunctionen Y^0, L^0, E^0 aus definirt sein durch die Formeln:

(16.b) $$Y^{n+1} = \frac{n}{z} Y^n - \frac{\partial Y^n}{\partial z},$$

(16.c) $$L^{n+1} = \frac{n}{z} L^n - \frac{\partial L^n}{\partial z},$$

(16.d) $$E^{n+1} = \frac{n}{z} E^n - \frac{\partial E^n}{\partial z}.$$

Dieser Definition zufolge sind alsdann J^n und Y^n die beiden particulären Lösungen der Differential-Gleichung):*

(17) $$\frac{\partial^2 F}{\partial z^2} + \frac{1}{z}\frac{\partial F}{\partial z} + \left(1 - \frac{n^2}{z^2}\right) F = 0.$$

Gleichzeitig ergeben sich alsdann (bei successiver Berechnung) für Y^n, L^n, E^n die in (13), (14), (15) aufgeführten Werthe.

Führt man statt der Functionen J^n, Y^n (ähnlich wie auf Seite 50) die ihnen adjungirten Functionen $\mathfrak{J}^n$, $\mathfrak{Y}^n$ ein, indem man setzt:

(18) $$J^n = z^n \mathfrak{J}^n, \quad Y^n = z^n \mathfrak{Y}^n,$$

so sind, wie aus unserer Untersuchung (Seite 50, 51) hervorgeht, $\mathfrak{J}^n$ und $\mathfrak{Y}^n$ die beiden particulären Lösungen der Differential-Gleichung:

(19) $$\frac{\partial^2 \mathfrak{F}}{\partial z^2} + \frac{2n+1}{z}\frac{\partial \mathfrak{F}}{\partial z} + \mathfrak{F} = 0.$$

Gleichzeitig überträgt sich der bei den J^n und Y^n vorhandene recurrirende Zusammenhang (16.a, b) auf die $\mathfrak{J}^n$ und $\mathfrak{Y}^n$; man erhält:

(20) $$\mathfrak{J}^{n+1} = -\frac{1}{z}\frac{\partial \mathfrak{J}^n}{\partial z}, \quad \mathfrak{Y}^{n+1} = -\frac{1}{z}\frac{\partial \mathfrak{Y}^n}{\partial z}.$$

---

*) Es mag bemerkt werden, dass die Functionen L^n und E^n Genüge leisten den Gleichungen:

$$\frac{\partial^2 F}{\partial z^2} + \frac{1}{z}\frac{\partial F}{\partial z} + \left(1 - \frac{n^2}{z^2}\right) F = \pm \frac{2}{z} J^{n+1}(z)$$

wo bei E^n das obere, bei L^n das untere Zeichen zu nehmen ist.

Diese Formeln (20) lassen sich, wenn man, statt nach z selber, nach z^2 differenzirt, auch so darstellen:

$$\mathfrak{J}^{n+1} = -2 \frac{\partial \mathfrak{J}^n}{\partial z^2},$$

(21)

$$\mathfrak{Y}^{n+1} = -2 \frac{\partial \mathfrak{Y}^n}{\partial z^2}.$$

Nunmehr ergiebt sich aus der ersten dieser beiden Formeln, wenn man dieselbe von $n = 0$ aus wiederholt in Anwendung bringt:

(22)

$$\mathfrak{J}^1 = -2 \frac{\partial \mathfrak{J}^0}{\partial z^2},$$

$$\mathfrak{J}^2 = (-2)^2 \frac{\partial^2 \mathfrak{J}^0}{(\partial z^2)^2},$$

$$\mathfrak{J}^3 = (-2)^3 \frac{\partial^3 \mathfrak{J}^0}{(\partial z^2)^3},$$

. . . .

$$\mathfrak{J}^n = (-2)^n \frac{\partial^n \mathfrak{J}^0}{(\partial z^2)^n}.$$

Zufolge (18) ist $\mathfrak{J}^n = z^{-n} J^n$ und $\mathfrak{J}^0 = J^0$. Substituirt man diese Werthe in die letzte der Formeln (22), so erhält man:

(23)

$$J^n = (-2z)^n \frac{\partial^n J^0}{(\partial z^2)^n}.$$

Die zweite der Formeln (21) führt offenbar zu einem analogen Resultat in Betreff der Functionen Y^n. Also:

Die Functionen $J^n(z)$, $Y^n(z)$ hängen mit ihren Anfangsfunctionen $J^0(z)$, $Y^0(z)$ zusammen durch folgende einfache Relationen:

(24)

$$J^n(z) = (-2z)^n \frac{\partial^n J^0(z)}{(\partial z^2)^n},$$

$$Y^n(z) = (-2z)^n \frac{\partial^n Y^0(z)}{(\partial z^2)^n}.$$

Gleiches gilt übrigens auch bei den Functionen $L^n(z)$ und $E^n(z)$.

§ 21. Zusammenhang zwischen den Functionen J^n und Y^n.

Es wird bequemer sein, wenn wir statt der Functionen J^n, Y^n selber die ihnen adjungirten Functionen:

(1)

$$\mathfrak{J}^n = z^{-n} J^n,$$

$$\mathfrak{Y}^n = z^{-n} Y^n,$$

betrachten. Diese Functionen $\mathfrak{J}^n$, $\mathfrak{Y}^n$, welche zur augenblicklichen Abkürzung mit $\mathfrak{J}$, $\mathfrak{Y}$ bezeichnet werden sollen, sind (Seite 53) die beiden particulären Lösungen der Differential-Gleichung:

$$(2)\qquad \frac{\partial^2 \mathfrak{F}}{\partial z^2} + \frac{2n+1}{z}\,\frac{\partial \mathfrak{F}}{\partial z} + \mathfrak{F} = 0.$$

Ich werde nun zeigen, wie man, falls nur die eine dieser beiden Lösungen, nämlich nur $\mathfrak{J}$ bekannt ist, die andere $\mathfrak{Y}$ finden kann durch Anwendung eines bestimmten Integrales; und in solcher Weise zu einem gewissen Integral-Zusammenhang zwischen den Functionen $\mathfrak{J}$ und $\mathfrak{Y}$ gelangen.

Der aus den beiden unabhängigen Variablen z, ζ zusammengesetzte Bruch:

$$(3)\qquad U = \frac{1}{(z^2 - \zeta^2)^{2n+1}}$$

genügt, wie leicht zu verificiren ist, der Gleichung:

$$(4)\qquad \frac{\partial^2 U}{\partial z^2} + \frac{2n+1}{z}\,\frac{\partial U}{\partial z} = \frac{\partial^2 U}{\partial \zeta^2} + \frac{2n+1}{\zeta}\,\frac{\partial U}{\partial \zeta}.$$

Dies vorausgeschickt, ziehen wir auf der z-Ebene eine beliebige Curve von irgend einem Punct a aus nach irgend einem andern Punct b hin, und betrachten das über diese Curven hinerstreckte Integral:

$$(5)\qquad V = \int_a^b U\,\mathfrak{J}\,z^{2n+1}\,dz.$$

Da die Function $\mathfrak{J}$, wie sich aus (1) unmittelbar ergiebt, dargestellt ist durch die Reihe:

$$(6)\qquad \mathfrak{J} = \mathfrak{J}^n = \frac{1}{2^n\,\Pi n}\left(1 - \frac{z^2}{2\cdot 2n+2} + \frac{z^4}{2\cdot 4\cdot 2n+2\cdot 2n+4} - \cdots\cdots\right),$$

folglich auf der z-Ebene überall stetig ist, und da ferner U, als Function von z betrachtet, nur in dem einen Puncte $z = \zeta$ unstetig ist, so wird dem Integral V ein bestimmter endlicher Werth gesichert sein, sobald wir festsetzen, dass die Integrations-Curve $a \cdots b$ den Punct ζ nicht berühren soll.

Aus (5) folgt sofort:

$$(7)\qquad \frac{\partial^2 V}{\partial \zeta^2} + \frac{2n+1}{\zeta}\,\frac{\partial V}{\partial \zeta} + V =$$

$$= \int_a^b \left(\frac{\partial^2 U}{\partial \zeta^2} + \frac{2n+1}{\zeta}\,\frac{\partial U}{\partial \zeta} + U\right)\mathfrak{J}\,z^{2n+1}\,dz,$$

also mit Rücksicht auf (4):

$$(8) \qquad = \int_a^b \left(\frac{\partial^2 U}{\partial z^2} + \frac{2n+1}{z} \frac{\partial U}{\partial z} + U \right) \mathfrak{J} z^{2n+1} \, dz.$$

Nun ist, weil die Function $\mathfrak{J}$ der Gleichung (2) genügt, offenbar:

$$(9) \qquad 0 = \int_a^b \left(\frac{\partial^2 \mathfrak{J}}{\partial z^2} + \frac{2n+1}{z} \frac{\partial \mathfrak{J}}{\partial z} + \mathfrak{J} \right) U z^{2n+1} \, dz.$$

Subtrahirt man die Formeln (8), (9) von einander, und setzt man dabei zur Abkürzung

$$(10) \qquad \mathfrak{J} \frac{\partial U}{\partial z} - U \frac{\partial \mathfrak{J}}{\partial z} = \Omega,$$

so erhält man:

$$\frac{\partial^2 V}{\partial \zeta^2} + \frac{2n+1}{\zeta} \frac{\partial V}{\partial \zeta} + V = \int_a^b \left(\frac{\partial \Omega}{\partial z} + \frac{2n+1}{z} \Omega \right) z^{2n+1} \, dz,$$

oder, was dasselbe ist:

$$\frac{\partial^2 V}{\partial \zeta^2} + \frac{2n+1}{\zeta} \frac{\partial V}{\partial \zeta} + V = \int_a^b \frac{\partial (z^{2n+1} \Omega)}{\partial z} \, dz,$$

$$(11) \qquad = \left[z^{2n+1} \Omega \right]_a^b,$$

$$= \left[z^{2n+1} \left(\mathfrak{J} \frac{\partial U}{\partial z} - U \frac{\partial \mathfrak{J}}{\partial z} \right) \right]_a^b,$$

wo für Ω sein Werth (10) wiedereingesetzt, und in üblicher Weise $\left[f(z) \right]_a^b$ für die Differenz $f(b) - f(a)$ gesetzt ist.

Das Integral V, dessen Integrations-Curve den Punct ζ nicht berühren soll, wird daher (nach 11.) eine Lösung der Differential-Gleichung

$$(12) \qquad \frac{\partial^2 V}{\partial \zeta^2} + \frac{2n+1}{\zeta} \frac{\partial V}{\partial \zeta} + V = 0$$

werden, sobald wir die Endpuncte a, b jener Curve der Art wählen, dass der Ausdruck

$$(13) \qquad \Theta = z^{2n+1} \left(\mathfrak{J} \frac{\partial U}{\partial z} - U \frac{\partial \mathfrak{J}}{\partial z} \right)$$

verschwindet für $z = a$, und verschwindet für $z = b$.

Zunächst ist klar, dass dieser Ausdruck Θ verschwindet für

$z = 0$. Ausserdem verschwindet derselbe unter gewissen Umständen auch für $z = \infty$. Ist nämlich z äusserst gross, so hat man (nach Seite 50):

$$J = J^n = \frac{A \cos z + B \sin z}{\sqrt{z}},$$

wo A, B Constante sind. Mit Rücksicht hierauf ergeben sich für ein solches äusserst grosses z (aus 1 und 3) folgende Formeln:

$$\mathfrak{J} = \mathfrak{J}^n = \frac{A \cos z + B \sin z}{z^n \sqrt{z}}, \qquad U = \frac{1}{z^{4n+2}},$$

$$\frac{\partial \mathfrak{J}}{\partial z} = \frac{-A \sin z + B \cos z}{z^n \sqrt{z}}, \qquad \frac{\partial U}{\partial z} = -\frac{4n+2}{z^{4n+3}}.$$

Aus diesen ergiebt sich weiter (mit Rücksicht auf 13):

(14) $$U \mathfrak{J} z^{2n+1} = \frac{A \cos z + B \sin z}{z^{3n+1} \sqrt{z}}$$

(15) $$\Theta = \frac{C \cos z + D \sin z}{z^{3n+1} \sqrt{z}}$$

} nur gültig für äusserst grosse Werthe von z.

wo C, D gewisse Constante sind, ebenso wie A, B selber.

Aus (15) folgt, dass der Ausdruck Θ verschwindet, wenn wir seinem Argument z einen reellen Werth beilegen, und diesen Werth sodann ins Unendliche anwachsen lassen.

Unser Integral V wird demnach der Differential-Gleichung (12) Genüge leisten, sobald wir seine Integrations-Curve längs der reellen Achse von $z = 0$ bis $z = \infty$ fortlaufen lassen; ebenso gut aber auch dann, wenn wir jene Curve vom Puncte $z = 0$ aus zuerst auf beliebig gekrümmter Bahn nach einem andern, etwa weit entfernten, Puncte der reellen Achse, und dann von hier aus längs dieser Achse nach $z = \infty$ laufen lassen. Eine Curve letzterer Art werden wir, falls ζ auf der reellen Achse liegen sollte, in Anwendung bringen müssen, um die Berührung der Curve mit dem Punct ζ zu vermeiden.

Dass bei einer solchen bis $z = \infty$ fortlaufenden Curve das Integral V einen bestimmten endlichen Werth behält, ergiebt sich unmittelbar, wenn man beachtet, dass die unter dem Integralzeichen befindliche Function $U \mathfrak{J} z^{2n+1}$ für ein äusserst grosses z den in (14) angegebenen Werth besitzt. Auch hierbei aber ist, wie man sieht, die schon gemachte Voraussetzung, dass die letzte Strecke der Integrations-Curve mit der reellen Achse zusammenfällt, nicht zu entbehren.

Vertauschen wir also die augenblickliche Bezeichnung $\mathfrak{J}$ wieder mit der genaueren Bezeichnung $\mathfrak{J}^n$ oder $\mathfrak{J}^n(z)$, so haben wir folgendes Resultat.

Das bestimmte Integral

$$(16) \qquad V = \int_0^{\infty} \frac{\mathfrak{J}^n(z) \cdot z^{2n+1}\, dz}{(z^2 - \zeta^2)^{2n+1}}$$

repräsentirt, wenn man die auf der z Ebene fortlaufende Integrations-Curve den Punct ζ nicht berühren, und ihre letzte Strecke mit der reellen Achse zusammenfallen lässt, eine von ζ abhängende Function, welche der Differential-Gleichung

$$(17) \qquad \frac{\partial^2 \mathfrak{J}}{\partial \zeta^2} + \frac{2n+1}{\zeta} \frac{\partial \mathfrak{J}}{\partial \zeta} + \mathfrak{J} = 0$$

Genüge leistet.

Die ebengenannte Gleichung (17) besitzt aber, wie bei (1), (2) bemerkt wurde, zwei particuläre Lösungen, welche dargestellt sind durch die Functionen

$$\mathfrak{J}^n(\zeta), \qquad \mathfrak{Y}^n(\zeta).$$

Daraus folgt, dass die gefundene neue Lösung V mit diesen Functionen verbunden sein muss durch eine Gleichung von der Form:

$$(18) \qquad V = \alpha\, \mathfrak{J}^n(\zeta) + \beta\, \mathfrak{Y}^n(\zeta),$$

wo α, β Constante sind. Wir gelangen daher (indem wir die Buchstaben z und ζ nachträglich miteinander vertauschen) zu folgendem Satz.

Zwischen den beiden particulären Lösungen $\mathfrak{J}^n(z)$ und $\mathfrak{Y}^n(z)$ der Gleichung

$$(19) \qquad \frac{\partial^2 \mathfrak{J}}{\partial z^2} + \frac{2n+1}{z} \frac{\partial \mathfrak{J}}{\partial z} + \mathfrak{J} = 0.$$

findet folgender Zusammenhang statt:

$$(20) \qquad \alpha\, \mathfrak{J}^n(z) + \beta\, \mathfrak{Y}^n(z) = \int_0^{\infty} \frac{\mathfrak{J}^n(\zeta) \cdot \zeta^{2n+1}\, d\zeta}{(\zeta^2 - z^2)^{2n+1}},$$

wo α, β constante Coefficienten sind, und wo die Integrations-Curve auf der ζ Ebene in solcher Weise zu führen ist, dass sie den Punct z nicht berührt, und dass gleichzeitig ihre letzte Strecke zusammenfällt mit der reellen Achse.

Ersetzt man in (20) *die adjungirten Functionen* $\mathfrak{J}$, $\mathfrak{Y}$ *durch die primitiven Functionen* J, Y *vermittelst der Relationen*

$$\mathfrak{J}^n(z) = z^{-n} J^n(z), \qquad \mathfrak{Y}^n(z) = z^{-n} Y^n(z),$$

so erhält man einen entsprechenden Zusammenhang zwischen $J^n(z)$ *und* $Y^n(z)$.

Die Werthe der Constanten α, β anzugeben, bin ich einstweilen nicht im Stande. Wären α, β ermittelt, so würde man (durch 20) die Function $Y^n(z)$ in einfacher und geschlossener Gestalt hinstellen können; die langwierigen Formeln auf Seite 52 würden dann entbehrlich sein.

Vierter Abschnitt.

Partielle Differential-Gleichungen.

§ 22. Integration einer partiellen Differential-Gleichung mit Hülfe der Bessel'schen Functionen.

Wir stellen uns die Aufgabe, die Gleichung

$$(1) \qquad \frac{\partial^2 U}{\partial x^2} + \frac{\partial^2 U}{\partial y^2} + U = 0$$

zu integriren, beschränken uns dabei aber auf den Fall, dass x, y **reelle** Werthe haben, mithin anzusehen sind als die Coordinaten eines Punctes in der xyEbene.

Es sei x_1, y_1 irgend ein fester Punct, und R die Entfernung zwischen ihm und dem beweglichen Punct x, y; also

$$(2) \qquad R = \sqrt{(x-x_1)^2 + (y-y_1)^2}.$$

Setzen wir die unbekannte Function

$$U = f(R),$$

so erhalten wir:

$$\frac{\partial U}{\partial x} = \frac{\partial U}{\partial R}\,\frac{x-x_1}{R}, \qquad \frac{\partial^2 U}{\partial x^2} = \frac{\partial^2 U}{\partial R^2}\,\frac{(x-x_1)^2}{R^2} + \frac{\partial U}{\partial R}\,\frac{R^2-(x-x_1)^2}{R^3},$$

$$\frac{\partial U}{\partial y} = \frac{\partial U}{\partial R}\,\frac{y-y_1}{R}, \qquad \frac{\partial^2 U}{\partial y^2} = \frac{\partial^2 U}{\partial R^2}\,\frac{(y-y_1)^2}{R^2} + \frac{\partial U}{\partial R}\,\frac{R^2-(y-y_1)^2}{R^3},$$

mithin:

$$\frac{\partial^2 U}{\partial x^2} + \frac{\partial^2 U}{\partial y^2} = \frac{\partial^2 U}{\partial R^2} + \frac{\partial U}{\partial R}\frac{1}{R},$$

so dass die Gleichung (1) sich verwandelt in:

$$\frac{\partial^2 U}{\partial R^2} + \frac{1}{R}\frac{\partial U}{\partial R} + U = 0.$$

Hieraus aber folgt (Seite 45) augenblicklich, dass zwei particuläre Lösungen der vorgelegten Differential-Gleichung dargestellt sind durch die Functionen:

$$U = J^0(R), \qquad U = Y^0(R).$$

Aus der Symmetrie dieser Functionen in Bezug auf die beiden Puncte x, y und x_1, y_1 folgt, dass sie nicht allein der Differential-Gleichung (1), sondern ebenso gut auch der analogen Differential-Gleichung mit den Variablen x_1, y_1 Genüge leisten. Also:

Versteht man unter R die Entfernung zweier Puncte x, y und x_1, y_1, so werden die Functionen

(3) $\qquad J^0(R) \qquad$ *und* $\qquad Y^0(R)$

sowohl der Differential-Gleichung

(4) $$\frac{\partial^2 U}{\partial x^2} + \frac{\partial^2 U}{\partial y^2} + U = 0,$$

als auch der Differential-Gleichung

(5) $$\frac{\partial^2 U}{\partial x_1^2} + \frac{\partial^2 U}{\partial y_1^2} + U = 0$$

Genüge leisten.

Die Function $J^0(R)$ bleibt eindeutig und stetig für sämmtliche Werthe von R. Sie wird 1 für $R = 0$, und verschwindet für $R = \infty$.

Die Function $Y^0(R)$ ist eindeutig und stetig für alle Werthe von R, ausser für $R = 0$. Für $R = 0$ nämlich wird sie unendlich gross. Sie verschwindet für $R = \infty$.

Diese Bemerkungen über die Functionen $J^0(R)$ und $Y^0(R)$ ergeben sich (mit Rücksicht darauf, dass R seiner Definition nach nur reelle Werthe haben kann) unmittelbar aus unseren früheren Untersuchungen (Seite 44 und 49).

Durch Einführung der Polarcoordinaten

(6) $$x = r\cos\omega, \qquad x_1 = r_1\cos\omega_1,$$
$$y = r\sin\omega, \qquad y_1 = r_1\sin\omega_1,$$

geht die Entfernung R über in

(7) $$R = \sqrt{r^2 + r_1^2 - 2rr_1\cos\theta}$$

wo θ zur Abkürzung steht für $\omega - \omega_1$. Gleichzeitig nehmen alsdann die Differential-Gleichungen (4), (5) folgende Gestalt an:

$$(8) \qquad \frac{\partial^2 U}{\partial r^2} + \frac{1}{r}\frac{\partial U}{\partial r} + \frac{1}{r^2}\frac{\partial^2 U}{\partial \theta^2} + U = 0,$$

$$(9) \qquad \frac{\partial^2 U}{\partial r_1^2} + \frac{1}{r_1}\frac{\partial U}{\partial r_1} + \frac{1}{r_1^2}\frac{\partial^2 U}{\partial \theta^2} + U = 0.$$

Die gefundenen Lösungen (3) wollen wir nun zu entwickeln versuchen nach den Cosinus des Vielfachen von θ:

$$(10) \quad J^0(R) = P^0 + 2P^1 \cos\theta + 2P^2 \cos 2\theta + \cdots + 2P^n \cos n\theta + \cdots$$

$$(11) \quad Y^0(R) = Q^0 + 2Q^1 \cos\theta + 2Q^2 \cos 2\theta + \cdots + 2Q^n \cos n\theta + \cdots$$

Eine convergente Entwicklung dieser Art muss bei der Function $J^0(R)$ unter allen Umständen existiren, weil sie stetig bleibt für alle Werthe von R. Die Function $Y^0(R)$ hingegen wird unendlich gross, sobald R verschwindet, und wird daher durch eine convergente Entwicklung der genannten Art mit Sicherheit nur dann darstellbar sein, wenn ihr Argument R, in Folge verschiedener Werthe von r und r_1, zu verschwinden ausser Stande ist, trotz beliebig variirendem θ. Wir werden daher, was die Entwicklung (10) anbelangt, r und r_1 *ganz beliebig* lassen; was die Entwicklung (11) aber anbelangt, voraussetzen, dass *r kleiner als r_1* ist.

Durch Substitution der Entwicklungen (10), (9) in die Differential-Gleichung (8) ergeben sich Gleichungen zur Bestimmung von P^n, Q^n. Und zwar erhält man für beide, für P^n und Q^n ein und dieselbe Gleichung, nämlich folgende:

$$(12) \qquad \frac{\partial^2 F}{\partial r^2} + \frac{1}{r}\frac{\partial F}{\partial r} - \frac{n^2}{r^2} F + F = 0.$$

Andererseits führt die Differential-Gleichung (9) zu dem Resultat, dass die beiden Functionen P^n und Q^n auch Genüge leisten müssen der Gleichung:

$$(13) \qquad \frac{\partial^2 F}{\partial r_1^2} + \frac{1}{r_1}\frac{\partial F}{\partial r_1} - \frac{n^2}{r_1^2} F + F = 0.$$

Diese Gleichungen (12), (13) sind aber dieselben, welche wir früher (Seite 53) behandelt haben; die particulären Lösungen der einen sind repräsentirt durch die Functionen $J^n(r)$, $Y^n(r)$, die der andern durch die Functionen $J^n(r_1)$, $Y^n(r_1)$.

Aus (12) ergiebt sich daher, dass P^n, Q^n folgende Form besitzen müssen:

$$P^n = AJ^n(r) + BY^n(r),$$
(14)
$$Q^n = CJ^n(r) + DY^n(r),$$

wo A, B, C, D nur noch von r_1 abhängen können.

Die bei den Entwicklungen (10), (11) nothwendig gewordene Voraussetzung in Betreff der Werthe von r und r_1 hindert nicht, dass $r = 0$ wird sowohl in (10) als auch in (11).

Beachtet man nun, dass die zu entwickelnden Ausdrücke (10), (11), nämlich $J^0(R)$, $Y^0(R)$ für $r = 0$ stetig bleiben, dass also die für $r = 0$ ins Unendliche aufspringende Function $Y^n(r)$ in ihren Entwicklungen nicht enthalten sein kann, so reduciren sich die in (14) für P^n, Q^n gefundenen Formeln sofort auf:

$$P^n = AJ^n(r),$$
(15)
$$Q^n = CJ^n(r),$$

wo A, C unbekannte Functionen von r_1 sind.

Die Grössen P^n, Q^n müssen aber andererseits auch der Gleichung (13) Genüge leisten. Hieraus folgt:

$$A = \alpha\, J^n(r_1) + \beta\, Y^n(r_1),$$
(16)
$$C = \gamma\, J^n(r_1) + \delta\, Y^n(r_1),$$

wo α, β, γ, δ unbekannte Constante sind.

Aus (15), (16) folgt, wenn man zur genaueren Bezeichnung α_n, β_n, γ_n, δ_n statt α, β, γ, δ setzt:

$$P^n = J^n(r)\,[\alpha_n J^n(r_1) + \beta_n Y^n(r_1)],$$
(17)
$$Q^n = J^n(r)\,[\gamma_n J^n(r_1) + \delta_n Y^n(r_1)].$$

Dividirt man diese Formeln (17) durch r^n, so erhält man rechts den Quotienten

$$\frac{J^n(r)}{r^n}$$

an Stelle von $J^n(r)$ selber. Dieser Quotient hat aber (Seite 5) den Werth:

$$\frac{J^n(r)}{r^n} = \frac{1}{2\cdot 4\cdots 2n}\left(1 - \frac{r^2}{2\cdot 2n+2} + \frac{r^4}{2\cdot 4\cdot 2n+2\cdot 2n+4} - \cdots\cdots\right),$$

und verwandelt sich daher für $r = 0$ in

$$\frac{1}{2\cdot 4\cdots 2n}$$

Somit ergiebt sich:

(18)
$$\left(\frac{P^n}{r^n}\right)_0 = \frac{\alpha_n J^n(r_1) + \beta_n J'^n(r_1)}{2\cdot 4\cdots 2n},$$
$$\left(\frac{Q^n}{r^n}\right)_0 = \frac{\gamma_n J^n(r_1) + \delta_n J'^n(r_1)}{2\cdot 4\cdots 2n},$$

wo der Index 0 andeutet, dass $r = 0$ zu setzen ist.

Wir schreiben die Formeln (17) und (18) zur Abkürzung in folgender Weise:

(19)
$$P^n = J^n(r)\cdot \varphi^n(r_1),$$
$$Q^n = J^n(r)\cdot \psi^n(r_1),$$

(20)
$$\left(\frac{P^n}{r^n}\right)_0 = \frac{\varphi^n(r_1)}{2\cdot 4\cdots 2n},$$
$$\left(\frac{Q^n}{r^n}\right)_0 = \frac{\psi^n(r_1)}{2\cdot 4\cdots 2n}.$$

Es handelt sich nun um die vollständige Bestimmung der Functionen $\varphi^n(r_1)$ und $\psi^n(r_1)$, d. i. um die Auffindung der in ihnen vorhandenen constanten Coefficienten α_n, β_n, γ_n, δ_n.

Die Lösung dieser Aufgabe (welche bei directem Angriff auf sehr langwierige Rechnungen führt), wird äusserst leicht und einfach durch Anwendung eines von Jacobi aufgestellten Satzes.*) Ist F irgend eine Function von $\cos\vartheta$, so gilt nach jenem Satz die Formel:

(21)
$$\int_0^\pi F\cdot\cos n\vartheta\, d\vartheta = \frac{1}{1\cdot 3\cdots 2n-1}\int_0^\pi \frac{\partial^n F}{(\partial\cos\vartheta)^n}\sin^{2n}\vartheta\, d\vartheta.$$

Nehmen wir statt F die erste der von uns zu entwickelnden Functionen, setzen wir also
$$F = J^0(R),$$
so wird (mit Rücksicht auf 7):

---

*) Crelle's Journal. Bd. 15. Seite 3 und 6.

$$\frac{\partial F}{\partial \cos\vartheta} = \frac{\partial J^0(R)}{\partial R^2}\,\frac{\partial R^2}{\partial \cos\vartheta} = \frac{\partial J^0(R)}{\partial R^2}\cdot(-2rr_1)$$

$$\frac{\partial^2 F}{(\partial \cos\vartheta)^2} = \frac{\partial^2 J^0(R)}{(\partial R^2)^2}\cdot(-2rr_1)^2,$$

$$\text{(22)}\qquad \frac{\partial^3 F}{(\partial \cos\vartheta)^3} = \frac{\partial^3 J^0(R)}{(\partial R^2)^3}\cdot(-2rr_1)^3,$$

. . . .

$$\frac{\partial^n F}{(\partial \cos\vartheta)^n} = \frac{\partial^n J^0(R)}{(\partial R^2)^n}\cdot(-2rr_1)^n.$$

Wir erhalten somit an Stelle von (21) die Formel:

$$\text{(23)}\qquad \int_0^\pi J^0(R)\cos n\vartheta\, d\vartheta = \frac{(-2rr_1)^n}{1\cdot 3\cdots 2n-1}\int_0^\pi \frac{\partial^n J^0(R)}{(\partial R^2)^n}\sin^{2n}\vartheta\; d\vartheta,$$

deren linke Seite (zufolge 10) identisch ist mit πP^n. Dividiren wir daher die Formel mit πr^n, so ergiebt sich:

$$\text{(24)}\qquad \frac{P^n}{r^n} = \frac{(-2r_1)^n}{1\cdot 3\cdots 2n-1}\,\frac{1}{\pi}\int_0^\pi \frac{\partial^n J^0(R)}{(\partial R^2)^n}\sin^{2n}\vartheta\; d\vartheta.$$

Setzen wir jetzt $r = 0$, so verwandelt sich die linke Seite (nach 20) in die zu bestimmende Function $\frac{\varphi^n(r_1)}{2\cdot 4\cdots 2n}$, während gleichzeitig auf der rechten Seite die Grösse R in r_1 übergeht. Wir erhalten also:

$$\text{(25)}\qquad \frac{\varphi^n(r_1)}{2\cdot 4\cdots 2n} = \frac{(-2r_1)^n}{1\cdot 3\cdots 2n-1}\,\frac{1}{\pi}\int_0^\pi \frac{\partial^n J^0(r_1)}{(\partial r_1^2)^n}\sin^{2n}\vartheta\; d\vartheta,$$

wo gegenwärtig der unter dem Integral befindliche Differential-Quotient unabhängig ist von ϑ. Mit Rücksicht auf die bekannte Formel:

$$\frac{1}{\pi}\int_0^\pi \sin^{2n}\vartheta\; d\vartheta = \frac{1\cdot 3\cdots 2n-1}{2\cdot 4\cdots 2n}$$

erhalten wir also schliesslich:

$$\text{(26)}\qquad \varphi^n(r_1) = (-2r_1)^n\,\frac{\partial^n J^0(r_1)}{(\partial r_1^2)^n}.$$

In genau derselben Weise würde sich, wie leicht zu übersehen, bei Anwendung der Jacobi'schen Formel auf die zweite zu entwickelnde Function $J^0(R)$ ergeben haben:

$$(27) \qquad \psi^n(r_1) = (-2r_1)^n \frac{\partial^n Y^0(r_1)}{(\partial r_1^2)^n}.$$

Hierdurch sind die Functionen φ^n, ψ^n vollständig bestimmt. Die gefundenen Werthe können aber bedeutend vereinfacht, nämlich durch Anwendung früherer Formeln (Seite 54) augenblicklich in folgende Gestalt versetzt werden:

$$(28) \qquad \begin{aligned} \varphi^n(r_1) &= J^n(r_1), \\ \psi^n(r_1) &= Y^n(r_1). \end{aligned}$$

Somit wird (nach 19):

$$(29) \qquad \begin{aligned} P^n &= J^n(r)\, J^n(r_1), \\ Q^n &= J^n(r)\, Y^n(r_1). \end{aligned}$$

In Bezug auf die vorhin gefundenen Ausdrücke (17) würde also zu bemerken sein, dass durch unsere Untersuchung für die dortigen Coefficienten α_n, β_n, γ_n, δ_n folgende Werthe sich herausgestellt haben:

$$(30) \qquad \begin{aligned} \alpha_n &= 1, & \beta_n &= 0, \\ \gamma_n &= 0, & \delta_n &= 1. \end{aligned}$$

Durch Substitution der Werthe (29) in die Entwicklungen (10), (11) gelangen wir zu folgendem Satz.

Setzt man $R = \sqrt{r^2 + r_1^2 - 2rr_1 \cos \theta}$, und entwickelt man die Ausdrücke $J^0(R)$, $Y^0(R)$ nach den Cosinus der Vielfachen von θ, so entstehen die einfachen Formeln:

$$(31) \qquad J^0(R) = \sum_{n=0}^{n=\infty} \varepsilon_n\, J^n(r)\, J^n(r_1) \cos n\theta,$$

$$(32) \qquad Y^0(R) = \sum_{n=0}^{n=\infty} \varepsilon_n\, J^n(r)\, Y^n(r_1) \cos n\theta,$$

wo die Constante ε_n den Werth 1 besitzt für $n = 0$, und den Werth 2 für $n > 0$.

Die erste Entwicklung ist gültig für beliebige Werthe von r und r_1, die zweite nur dann, wenn r kleiner als r_1 ist.

§ 20. Die Entwicklung der Bessel'schen Function J^0 für ein Argument, welches die Entfernung zweier Puncte vorstellt.

Diese schon in (31) gefundene Entwicklung kann auf directerem Wege erhalten werden.

Es seien R, P, Q, k gegebene Constanten, welche zu einander in der Beziehung stehen:

$$R \cos k = P,$$

(1) $$R \sin k = Q.$$

$$R^2 = P^2 + Q^2.$$

Die Bessel'sche Function $J^0(R)$ wird (Seite 6) ausgedrückt durch das bestimmte Integral

(2) $$J^0(R) = \frac{1}{\pi} \int_0^\pi \cos (R \sin \omega)\, d\omega.$$

Der Ausdruck $\cos (R \sin \omega)$ nimmt für das Intervall:

$$\omega = 0 \cdots\cdots k$$

Schritt für Schritt dieselben Werthe an, wie für das Intervall:

$$\omega = \pi \cdots\cdots \pi + k.$$

Demnach wird das Integral $\int \cos (R \sin \omega)\, d\omega$, mag dasselbe nun von 0 bis π, oder mag es von k bis $\pi + k$ hinerstreckt werden, in beiden Fällen *denselben* Werth haben. D. h. es ist:

$$\int_0^\pi \cos (R \sin \omega)\, d\omega = \int_0^\pi \cos \Big(R \sin (k + \omega)\Big)\, d\omega.$$

Somit können wir statt (2) auch schreiben:

(3) $$J^0(R) = \frac{1}{\pi} \int_0^\pi \cos \Big(R \sin (k + \omega)\Big)\, d\omega.$$

oder:

(4) $$J^0(R) = \frac{1}{\pi} \int_0^\pi \cos \Big(R \cos k \sin \omega + R \sin k \cos \omega\Big)\, d\omega,$$

oder mit Rücksicht auf (1):

(5, a) $$J^0(R) = \frac{1}{\pi} \int_0^\pi \cos \Big(P \sin \omega + Q \cos \omega\Big)\, d\omega.$$

Diese Formel wird also stattfinden für je drei Grössen R, P, Q, welche mit einander verbunden sind durch die Relation $R^2 = P^2 + Q^2$. Sie wird daher, ebenso gut wie für R, P, Q, auch stattfinden für R, P, $-Q$. Also:

(5.b) $$J^0(R) = \frac{1}{\pi}\int_0^\pi \cos\left(P \sin\omega - Q \cos\omega\right) d\omega.$$

Aus (5. a, b) folgt durch Addition:

(5.c) $$J^0(R) = \frac{1}{\pi}\int_0^\pi \cos(P \sin\omega)\cos(Q\cos\omega)\, d\omega,$$

und andererseits durch Subtraction:

(5.d) $$0 = \int_0^\pi \sin(P\sin\omega)\sin(Q\cos\omega)\, d\omega.$$

So haben wir hier vier Formeln (5. a, b, c, d) gefunden, welche gültig sind für irgend drei (reelle) Grössen R, P, Q, zwischen denen die Relation stattfindet $R^2 = P^2 + Q^2$.

Es sei nun R die Entfernung zweier beliebig gegebenen Puncte, nämlich ebenso wie früher:

$$R^2 = r^2 + r_1^2 - 2rr_1 \cos\theta,$$

oder was dasselbe ist:

(6) $$R^2 = (r - r_1\cos\theta)^2 + (r_1 \sin\theta)^2.$$

Auf dieses R können wir unsere vier Formeln sofort in Anwendung bringen, wenn wir für P und Q diejenigen Grössen nehmen, deren Quadratsumme in (6) auf der rechten Seite steht. Die Anwendung der Formel (5. b) liefert alsdann:

(7) $$J^0(R) = \frac{1}{\pi}\int_0^\pi \cos\left((r - r_1\cos\theta)\sin\omega - r_1\sin\theta\cos\omega\right) d\omega,$$

oder, was dasselbe ist:

(8) $$J^0(R) = \frac{1}{\pi}\int_0^\pi \cos\left(r\sin\omega - r_1\sin(\omega + \theta)\right) d\omega.$$

Nun ist nach früher gefundenen Entwicklungen (Seite 7):

(9.a) $$\cos(r\sin\omega) = \varepsilon_0 J^0(r) + \varepsilon_2 J^2(r)\cos 2\omega + \varepsilon_4 J^4(r)\cos 4\omega + \cdots\cdots,$$

(9.b) $$\sin(r\sin\omega) = \varepsilon_1 J^1(r)\sin\omega + \varepsilon_3 J^3(r)\sin 3\omega + \varepsilon_5 J^5(r)\sin 5\omega + \cdots\cdots,$$

wo ε_n jene oft benutzte Constante vorstellt, welche $= 1$ oder

$=2$ ist, jenachdem $n=0$ oder >0. Diese Formeln (9) mögen zur Abkürzung so geschrieben werden:

$$(10.a)\qquad \cos(r\sin\omega) = \Sigma\, \varepsilon_p J^p(r) \cos p\omega,$$

$$(10.b)\qquad \sin(r\sin\omega) = \Sigma\, \varepsilon_q J^q(r) \sin q\omega,$$

wo die eine Summation über die graden Zahlen $p=0, 2, 4, \ldots \infty$, die andere über die ungeraden Zahlen $q=1, 3, 5, \ldots \infty$ hinerstreckt zu denken ist. Vertauscht man in diesen Formeln die Grössen r, ω mit r_1, $\omega+\vartheta$, so erhält man die analogen Formeln:

$$(11.a)\qquad \cos[r_1 \sin(\omega+\vartheta)] = \Sigma\, \varepsilon_p J^p(r_1) \cos p(\omega+\vartheta),$$

$$(11.b)\qquad \sin[r_1 \sin(\omega+\vartheta)] = \Sigma\, \varepsilon_q J^q(r_1) \sin q(\omega+\vartheta).$$

Für jede beliebige unter den mit p bezeichneten Zahlen findet, wie leicht zu übersehen, die Gleichung statt:

$$(12.a)\qquad \varepsilon_p \cdot \int_0^\pi \cos p\omega \cdot \cos p(\omega+\vartheta)\, d\omega = \pi \cos p\vartheta.$$

Ebenso ist andererseits für jede der mit q bezeichneten Zahlen:

$$(12.b)\qquad \varepsilon_q \cdot \int_0^\pi \sin q\omega \cdot \sin q(\omega+\vartheta)\, d\omega = \pi \cos q\vartheta.$$

Multiplicirt man nun die beiden Formeln (10.a), (11.a) miteinander, und integrirt man dieses Product nach ω zwischen den Grenzen 0 und π, so ergiebt sich mit Rücksicht auf (12.a):

$$(13.a)\qquad \int_0^\pi \cos(r\sin\omega) \cdot \cos[r_1 \sin(\omega+\vartheta)]\, d\omega$$
$$= \pi \Sigma\, \varepsilon_p J^p(r) J^p(r_1) \cos p\vartheta.$$

In ähnlicher Weise folgt aus (10.b), (11.b) und (12.b):

$$(13.b)\qquad \int_0^\pi \sin(r\sin\omega) \cdot \sin[r_1 \sin(\omega+\vartheta)]\, d\omega$$
$$= \pi \Sigma\, \varepsilon_q J^q(r) J^q(r_1) \cos q\vartheta.$$

Die Addition der beiden letzten Formeln liefert:

$$(14)\qquad \int_0^\pi \cos[r\sin\omega - r_1 \sin(\omega+\vartheta)]\, d\omega$$
$$= \pi \Sigma\, \varepsilon_n J^n(r) J^n(r_1) \cos n\vartheta,$$

wo gegenwärtig die Summation Σ hinzuerstrecken ist über sämmtliche (gerade und ungerade) Zahlen, also hinzuerstrecken über $n = 0, 1, 2, 3, 4, \cdots \infty$.

Durch Anwendung von (14) auf die Formel (8) erhalten wir nun endlich die verlangte Entwicklung:

$$(15) \qquad J^0(R) = \sum_{n=0}^{n=\infty} \varepsilon_n\, J^n(r)\, J^n(r_1) \cos n\vartheta,$$

eine Entwicklung, welche genau übereinstimmt mit derjenigen, die wir früher bereits (Seite 65) auf ganz anderem Wege gefunden haben.

Diese Entwicklung (15) führt, wie wir hier noch zeigen wollen, zu einer bemerkenswerthen neuen Eigenschaft der Functionen J. Setzt man in

$$R = \sqrt{r^2 + r_1^2 - 2rr_1 \cos \vartheta}$$

die Grössen r, r_1 einander gleich (was für die Gültigkeit der Entwicklung von $J^0(R)$ ohne nachtheiligen Einfluss ist, Seite 65), so wird:

$$R = 2r \sin \frac{\vartheta}{2},$$

folglich durch Benutzung der Formel (15):

$$(16) \qquad J^0\left(2r \sin \frac{\vartheta}{2}\right) = \sum_{n=0}^{n=\infty} \varepsilon_n\, J^n(r)\, J^n(r) \cos n\vartheta.$$

Dieser Ausdruck (16) kann nun aber nach den Cosinus der Vielfachen von ϑ noch auf anderem Wege entwickelt werden. Setzt man nämlich in der allgemeinen Formel (Seite 6):

$$J^0(z) = \frac{1}{\pi} \int_0^\pi \cos (z \sin \omega)\, d\omega$$

$2r \sin \frac{\vartheta}{2}$ an Stelle von z, so wird:

$$(17) \qquad J^0\left(2r \sin \frac{\vartheta}{2}\right) = \frac{1}{\pi} \int_0^\pi \cos \left(2r \sin \omega \sin \frac{\vartheta}{2}\right) d\omega.$$

Aus der Formel (9. a) folgt, wenn man daselbst $\frac{\vartheta}{2}$ für ω setzt:

$$(18) \qquad \cos \left(r \sin \frac{\vartheta}{2}\right) = \sum_{n=0}^{n=\infty} \varepsilon_n\, J^{2n}(r) \cos n\vartheta,$$

wo die Summation, ebenso wie in (16), über sämmtliche Zahlen $n = 0, 1, 2, 3, \cdots \infty$ hinläuft. An Stelle von ε_n müsste in (18) eigentlich stehen ε_{2n}. Zufolge der Bedeutung dieser Constanten ε ist es aber (wie man leicht bemerkt) völlig gleichgültig, ob in (18) der Factor ε_n oder ε_{2n} unter das Summenzeichen gestellt wird.

Vertauscht man nun endlich in (18) die Grösse r mit $2r \sin \omega$, und substituirt man den alsdann für

$$\cos\left(2r \sin \omega \sin \frac{\theta}{2}\right)$$

sich ergebenden Werth in die Formel (17), so erhält man:

$$(19)\quad J^0\left(2r \sin \frac{\theta}{2}\right) = \frac{1}{\pi} \int\limits_0^\pi \left(\sum_{n=0}^{n=\infty} \varepsilon_n J^{2n}(2r \sin\omega) \cdot \cos n\theta\right) d\omega.$$

Diese Formel repräsentirt, ebenso wie die Formel (16), eine Entwicklung, welche fortschreitet nach den Cosinus der Vielfachen von θ. Beide Entwicklungen müssen unter einander identisch sein. Hieraus ergiebt sich die Gleichung:

$$(20)\qquad J^n(r)\, J^n(r) = \frac{1}{\pi} \int\limits_0^\pi J^{2n}(2r \sin \omega)\, d\omega,$$

eine Gleichung, welche gültig ist für jedes beliebige Argument r, und in welcher eine merkwürdige Beziehung enthalten ist zwischen je zwei Bessel'schen Functionen vom Range n und vom Range $2n$.

§ 24. Erweiterung der Theorie des logarithmischen Potentiales.

Ist k eine gegebene Constante, und bezeichnet R nach wie vor die Entfernung zweier Puncte in der xyEbene, so stehen die Functionen

$$(1)\qquad J^0(R), \qquad \mathrm{Y}^0(R)$$

zu der Differential-Gleichung

$$(2)\qquad \frac{\partial^2 U}{\partial x^2} + \frac{\partial^2 U}{\partial y^2} + U = 0$$

in genau derselben Beziehung, in welcher die Functionen

$$(3)\qquad J^0(kR), \qquad \mathrm{Y}^0(kR)$$

stehen zu der allgemeineren Gleichung

$$(4)\qquad \frac{\partial^2 U}{\partial x^2} + \frac{\partial^2 U}{\partial y^2} + k^2 U = 0.$$

D. h. die Gleichung (4) wird durch jede der beiden Functionen

(3) erfüllt werden, sobald man das eine Ende von R als fest, das andere als einen beweglichen Punct x, y betrachtet.

Nimmt man statt der reellen Constanten k eine rein imaginäre Constante ik, so werden in gleicher Weise

$$(5) \qquad J^0(ikR), \qquad Y^0(ikR)$$

zwei Lösungen sein für die Differential-Gleichung.

$$(6) \qquad \frac{\partial^2 U}{\partial x^2} + \frac{\partial^2 U}{\partial y^2} - k^2 U = 0.$$

In Betreff dieser letzten Gleichung lässt sich nun durch die Minimal-Untersuchung des über eine beliebige Elementarfläche ausgedehnten Integrales

$$\iint \left\{ \left(\frac{\partial U}{\partial x}\right)^2 + \left(\frac{\partial U}{\partial y}\right)^2 + \left(k U\right)^2 \right\} dx\,dy$$

folgender Satz nachweisen:

Für eine beliebig gegebene Elementarfläche existirt immer eine Function $U(x, y)$ oder U, welche sammt ihren ersten Ableitungen

$$(7) \qquad \frac{\partial U}{\partial x}, \qquad \frac{\partial U}{\partial y}$$

*innerhalb der Fläche stetig ist, welche ferner innerhalb der Fläche der Differential-Gleichung (6) Genüge leistet, und welche endlich am Rande der Fläche beliebig vorgeschriebene Werthe besitzt.**)

Auf Grund dieses Satzes ist es leicht, auf die Differential-Gleichung (6) diejenigen Untersuchungen zu übertragen, welche ich in einer früheren Abhandlung**) angestellt habe in Betreff der Gleichung

$$\frac{\partial^2 U}{\partial x^2} + \frac{\partial^2 U}{\partial y^2} = 0.$$

Führen wir die Bezeichnungen ein

$$(8) \qquad \begin{aligned} F(R) &= J^0(ikR), \\ \Phi(R) &= Y^0(ikR) - J^0(ikR) \cdot \log(ik), \end{aligned}$$

so sind $F(R)$ und $\Phi(R)$ reelle Functionen von R, und zwar Functionen, von denen sich (beiläufig bemerkt) für $k = 0$ die

---

*) Solches gilt indessen nur für die Gleichung (6). Denn für die Gleichung (4) scheint ein analoger Satz nicht zu existiren. Vergl. eine Bemerkung von Helmholtz über ein analoges Problem im Raume. Borchardt's Journal, Bd. 57. Seite 24.

**) Borchardt's Journal, Bd. 59. Seite 335.

eine auf 1, die andere auf log R reduciren würde. Diese Functionen $F(R)$ und $\Phi(R)$ können, falls

$$R = \sqrt{r^2 + r_1^2 - 2rr_1 \cos\theta}$$

gesetzt wird, nach den Cosinus der Vielfachen von θ in ganz ähnlicher Weise entwickelt werden, wie früher $J^n(R)$ und $Y^n(R)$ entwickelt wurden (Seite 65).

Denken wir uns nun eine Materie oder ein Fluidum, welches in der Ebene beliebig vertheilt werden kann, und von solcher Beschaffenheit, dass das Potential zweier Theilchen aufeinander gleich ist der ihrer Entfernung R entsprechenden Function $\Phi(R)$, multiplicirt mit dem Product ihrer Massen, so gelangen wir zu folgenden Sätzen:

Ist q ein Punct innerhalb einer gegebenen Elementarfläche, so kann die Randcurve der Fläche immer der Art mit Masse belegt werden, dass das Potential dieser Belegung für alle Puncte ausserhalb der Fläche identisch ist mit dem Potential einer in q concentrirten Masse 1.

Ist $H^{(q)}ds$ diejenige Masse, welche bei der genannten Belegung auf dem Element ds der Randcurve sich befindet, und ist U irgend eine Function, welche auf der Elementarfläche den Bedingungen (7) entspricht, so wird diese Function im Puncte q einen Werth besitzen, welcher dargestellt ist durch

$$U_q = \int U\, H^{(q)} ds,$$

die Integration hinerstreckt über den Rand der Fläche.

Eine solche Function U kann also, wenn ihre Randwerthe gegeben sind, durch Anwendung der vorstehenden Formel berechnet werden für jeden beliebigen Punct q, vorausgesetzt, dass man bekannt ist mit jener durch $H^{(q)}$ repräsentirten Randbelegung.

Entwickelt man die Functionen $F(R)$, $\Phi(R)$ in der vorhin angedeuteten Weise, so kann man diese Randbelegung leicht für den Fall bestimmen, dass die gegebene Elementarfläche ein Kreis ist. Zugleich gelangt man dabei zu einem einfachen Satz über das Potential einer gleichförmig mit Masse belegten Kreislinie. Man findet nämlich, dass dieses Potential auf Puncte innerhalb des Kreises $= A \cdot F(r)$, auf Puncte ausserhalb $= B \cdot \Phi(r)$ ist, wo r die Entfernung der Puncte vom Kreismittelpunct vorstellt, und A, B gewisse Constanten sind.

www.ingramcontent.com/pod-product-compliance
Lightning Source LLC
Chambersburg PA
CBHW021958190326
41519CB00009B/1311
* 9 7 8 3 7 4 1 1 7 1 8 5 7 *